한식 아는 즐거움

한식과 한국 술 이야기

한식 아는 즐거움

한식과 한국 술 이야기

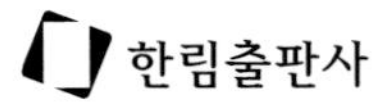

한림출판사

목차

3부 알고 싶은 한국 술

4부 이것도 알면 금상첨화

한식은 우리 민족의 자랑이고 생명의 양식이다. 오천 년 역사에서 시대마다 변천을 거치며 우리 민족의 생존을 책임져 왔다. 먹거리가 부족했던 시대에 생명 줄을 이어 가게 해 준 다양한 나물, 열악한 기후 조건을 극복하고 경작해 낸 쌀과 곡물, 삼면이 바다로 둘러싸여 얻을 수 있었던 풍부한 해산물 등이 우리 삶을 풍요롭게 해 주었다. 이제 한식은 환경과 건강 측면에서 세계인들의 미래 대안 음식으로 떠오르고 있다. 한식은 건강식이라는 타이틀 외에도 그 속에 오랜 역사와 철학, 지혜를 담고 있다. 이를 더 많은 세계인과 나누기 위해서는 한식을 더 알아 가려는 노력을 기울여야 한다. 이 책은 한식에 더 가까이 다가가고자 하는 이들을 위해 우리 음식의 역사와 철학, 문화 등을 쉽고 흥미롭게 풀어냈다.

한식은 21세기의 현대 요리

현대는 새로운 미각의 시대이다. 세련된 음식 문화는 엘리트 문화의 상징이 되었다. 고급한 음식 문화를 찾는 현상은 단순히 명품을 찾는 것과는 다르다. 새로운 음식을 맛보는 것은 함께 식사하며 얻게 되는 정서적 교류 및 공유 가능한 경험이자, 경제적 풍요와 미식 감각, 문화적 취향이 뒷받침되어야 하는 문화적 행위이다.

경제적으로는 부족해도 취향이 세련된 경우는 어떠한가? 사회학자 피에르 부르디외에 따르면 값비싼 프랑스 요리가 유행할 때 곤궁했던 지식인들은 프랑스 요리보다 값이 싸면서도 새로운 문화를 맛볼 수 있는 이탈리아 요리나 중국 요리를 선호했다고 한다. 이렇게 부상한 이탈리아 요리나 중국 요리는 지금으로 치면 당시의 현대 요리(Contemporary Cuisine)라고 할 수 있다. 최근 서구 사회에서 한식은 매력적인 민족 음식(Ethnic Food)으로, 담백하고 건강한 새로운 요리로 급부상하고 있다. 한식은 21세기의 현대 요리가 될 가능성을 충분히 갖추고 있다.

한식은 지구의 미래 대안 음식

현대 육식 문화와 패스트푸드가 지배하는 지구 먹거리 체계는 지속되기 어렵고 건강하지 않다. 이에 맞선 슬로푸드 운동, 로컬푸드 운동 등 건강한 먹거리 운동이 전 세계적으로 확산되고 있다. 이들 운동이 지향하는 정신은 지속 가능성과 환경 보존, 건강성 등이다. 그리고 그 지향점에 있는 음식이 바로 한식이라고 생각한다.

한식은 채식과 발효 음식에 근거하며, 자연을 우리의 일부로 생각한 한국인의 자연주의 정신과 철학 속에서 잉태되었다. 한식에는 음식을 단순한 물질이 아닌 자연의 일부로 생각하며 검소하고 소박하게 식음했던 선조들의 음식 철학이 담겨 있다. 한식이 품은 자연성은 정신적, 육체적으로 치유의 역할을 한다. 물질 만능 시대에 정신적인 충만감을 주며, 채소에 풍부한 파이토뉴트리언트(식물영양소)는 항산화 작용으로 만성질환을 예방하기도 한다.

문화대국 한국, 한식의 시대가 열린다

한때 우리는 외국인에게 한국을 이야기할 때 유명한 한국 기업이나 '김치'를 아는지 묻곤 했다. 제대로 한국 문화를 알리는 것이 쉽지 않은 시대였다. 하지만 최근 몇 년 사이 케이팝(K-pop)을 필두로 한국 드라마나 영화 등이 세계적 인기를 얻으며 한국의 위상이 높아졌다. BTS(방탄소년단)의 세계적 부상이나 〈기생충〉 같은 한국 영화가 세계인들을 매료시키는 것은 한국 문화의 시대가 도래했음을 보여 주는 하나의 척도이기도 하다.

이와 더불어 한국 문화의 핵심인 한식도 새롭게 부상하고 있다. 현재 한국에서는 모던 한식당이 새로운 외식 문화로 인기를 얻고 있다. 미국이나 유럽에서는 한식에 대한 관심이 높아지고 있으며 한식을 경험하기 위해 한국을 찾는 외국인도 많아졌다. 바야흐로 새로운 한식의 시대가 열리고 있다.

한식 안내서

이 책은 한식을 더 깊이 알고, 또 널리 알리고자 하는 갈망이 있는 사람들을 대상으로 썼다. 많은 이들이 한식이 맛있고 건강하며 세계적으로 내놓아도 손색이 없는 음식이라는 것에 수긍하면서도 '왜 그런가'에 대해서는 제대로 알지 못한다. 이 책은 그 질문에 대한 답으로, 한식 안내서라 할 수 있다.

1부에서는 한식의 역사와 철학, 특징 및 상차림을 소개한다. 2부에서는 한식의 다양성과 가능성을 보여 준다. 한식의 종류와 케이푸드(K-food), 한국의 현재 음식 문화는 물론이고 한식이 세계와 어떻게 만나고 있는지에 대해 풀어낸다. 3부에서는 그동안 잘 알지 못했던 한국 술에 대해 체계적으로 정리한다. 4부에는 외국인이 궁금해하는 다양한 질문에 대한 답을 수록하였다. 중간중간 자리한 한식에 담긴 이야기는 소소한 재미를 더한다. 부디 이 책이 본연의 목적을 충실히 달성할 수 있기를 바란다.

1부 한식의 깊이

한식의 역사와 철학

음식에는 그 음식을 즐겨 먹어 온 민족의 역사와 문화가 담겨 있다. 한국인은 오천 년 긴 세월을 살아오면서 크고 작은 변화 속에서도 고유한 전통문화를 간직하고 있다. 특히 음식 문화는 근현대를 거치면서 서구의 영향을 많이 받았지만, 오늘날 한국인은 여전히 조상들의 지혜가 담긴 음식을 먹으며 살아가고 있다.

한식의 형성 역사

한국인의 식생활 역사는 우리 민족이 한반도에 정착한 구석기시대로까지 소급된다. 그러나 곡류로 지은 밥·죽·면을 주식으로 하고 기타 식품들을 반찬으로 하는 주·부식의 식사 형태가 태동된 것은 신석기 후기 농경이 시작되면서였다. 농경이 정착되면서 가축을 길러 음식 재료로 썼고, 어로 기술이 발달하고 채소도 재배하게 되었다. 통일신

라시대에는 곡물, 어패류, 수조육류, 채소류, 과실류, 장류, 술, 포, 소금, 기름, 꿀 등의 기본 식품을 구비하게 되었고, 고려시대에는 주·부식의 식사 유형이 온전히 정립되었다.[1]

조선시대는 한식의 정비기라 할 수 있다. 즉, 조선시대는 한국인의 식생활 전통이 비로소 정비되어 음식 문화의 꽃을 피우는 중요한 시기였다. 그 후 서구 식문화가 들어온 개항기와 궁핍한 식생활을 영위한 일제강점기, 근대화 과정, 6·25 전쟁을 거쳐 오늘날과 같은 현대 식생활 문화를 이루게 되었다.

한식이란 무엇인가?

한식은 영어로 'Korean Food', 혹은 'Korean Cuisine'이라고 한다. 하지만 최근에는 한식이 널리 알려져 'Hansik'이라고 표기하기도 한다. 한식은 "우리나라에서 사용되어 온 식재료 또는 그와 유사한 식재료를 사용하여 우리나라 고유의 조리방법과 또는 그와 유사한 조리방법을 이용하여 만들어진 음식과 그 음식과 관련된 유형·무형의 자원·활동 및 음식문화"[2]를 뜻한다.

음식 문화의 측면에서 그 범주를 살펴보면, 이는 농축수산물과 같은 음식 재료, 음청류, 각종 가공식품은 물론이고 조리 및 식사 행동, 기호와 영양까지 포함한다. 또한 그릇, 공간, 스토리, 음악, 소품, 디자인, 예절 등도 빼놓을 수 없다.

1 강인희, 『한국식생활사』, 삼영사, 1991

2 한식진흥법 제1장 총칙 제2조(정의) 1항

한식의 기본

한국인의 일상식은 밥을 주식으로 하고, 여러 가지 반찬을 곁들여 먹는 형태이다. 서양의 코스 요리와 달리 밥과 반찬을 한 상에 모두 차리는데, 원래는 한 사람 앞에 상 하나를 놓는 독상이 기본이었다. 주식은 쌀로만 지은 쌀밥과 조, 보리, 콩, 팥 등을 섞어 지은 잡곡밥, 죽, 면 등이다. 부식은 국이나 찌개, 김치와 장류를 기본으로 하고, 육류, 어패류, 채소류, 해조류 등을 이용해 다양하게 만든다. 이렇게 밥과 반찬이 서로 조화롭게 어울리고 화합하며 유기적인 관계를 이루는 것이 바로 한국의 밥상이다.

한식, 우주론적 음식

동양에서는 이른바 음양오행설에 의한 우주론이 중요한 철학이었다. 음과 양이라는 상호보완적인 힘이 서로 작용하여 온 우주 만물과 오행을 발생시키고, 오행 즉, 물, 불, 나무, 쇠, 흙의 강력한 힘이 끊임없이 순환하며 변화와 생성, 소멸을 이룬다고 보았다. 음양오행설은 삼국시대에 우리나라에 전래되어 조선 말엽까지 우리 민족 사상에 큰 영향을 끼쳤고, 오늘날까지도 그 흔적을 여러 곳에서 찾아볼 수 있다.

우리 조상들은 음식 섭취에서도 음양오행의 원리를 실천하였다. 음식을 만들 때 신맛, 쓴맛, 단맛, 매운맛, 짠맛인 오미의 조화를 중시하였고, 색에 있어서도 오방색인 적, 청, 황, 백, 흑의 조화를 염두에 두었다.

한국 음식의 화룡점정인 고명을 보면 이를 확실히 알 수 있다. 고명은 아름답게 꾸며 식욕을 돋우려는 목적으로 음식 위에 뿌리거나 얹는 장식을 말하는데, 오방색을 표현하기 위해 식품들이 가지고 있는 자연의 색조를 이용하여 만들었다.

약이 되는 음식, 약식동원

한식의 또 하나의 중요한 철학은 '약식동원(藥食同源)' 사상으로 이는 "약과 음식은 그 근본이 동일하다."는 뜻이다. 우리 민족은 몸의 조화가 깨지면 병이 생긴다고 여겼기에 음식을 통해 다시 그 조화를 찾으려고 하였다. 음양오행 중 어느 한 요소도 부족하지 않게 고루 갖추어 음식을 차려 내면 그것이 곧 약이 된다고 믿었기에 밥상에 다양한 재료와 색, 맛으로 이루어진 음식을 올렸다.

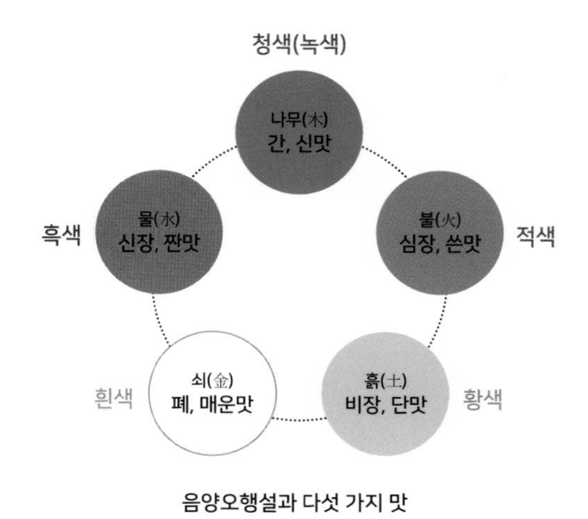

음양오행설과 다섯 가지 맛

색	고명
적색	대추, 실고추, 당근, 홍고추 등
청색(녹색)	미나리초대, 은행, 파잎, 호박, 청고추 등
황색	황지단, 국화, 유자껍질 등
백색	백지단, 잣, 호두, 밤, 깨 등
흑색	석이버섯, 표고버섯, 고기, 검은깨 등

양념 사용에 있어서도 약식동원 사상이 바탕이 되었다. 한자로는 약 '약(藥)' 자에 생각할 '념(念)' 자를 썼는데, 그야말로 약을 짓는다는 생각으로 양념을 사용하였다. 누린내나 비린내를 없애기 위하여 사용한 파, 마늘, 생강, 산초, 후추, 계피 등은 몸을 보하는 약재로도 쓰였다.

한식의 특징

한식의 건강성, 채식과 육식의 이상적인 비율

한식은 채식과 육식의 비율이 대략 8 대 2로 영양학적으로 볼 때 이상적인 음식이다. 한식의 건강성은 바로 이 황금 비율에서 나오는데, 이는 영양과 건강의 측면뿐만 아니라 한식을 다채롭게 만드는 데에도 공헌한다. 한국 음식이 지닌 아름다움과 특유한 맛도 채식과 육식의 조화로운 만남에서 오기 때문이다.

곡류 음식의 발달

우리나라는 신석기시대부터 이미 잡곡을 생산하였으며, 신석기 후기경부터 벼농사를 지어 주식으로 이용하였다. 하지만 쌀은 항상 부족하여 흰쌀밥은 궁중과 양반 사대부 등 경제적으로 풍요로운 사람들이 먹었고, 일반 백성들은 보리, 조, 수수, 율무, 팥, 기장, 옥수수, 감

흰쌀밥

백설기

자, 고구마 등을 쌀과 함께 섞어 밥을 지었다. 이들 곡물로는 밥뿐만 아니라 죽, 미음, 떡, 국수, 한과, 식초, 술, 장, 음료, 엿, 조청 등 다양한 형태의 음식을 만들어 먹었다. 특히, 귀한 쌀과 찹쌀로 만들었던 떡은 특별한 날에 먹는 음식으로 잔칫상에 빠지지 않고 올랐다.

밥맛

어떤 도구를 사용해 밥을 지어야 제일 밥맛이 좋을까? 국립중앙과학관 과학기술사 연구실에서 무작위로 선발한 400명을 대상으로 밥맛을 평가한 결과 무쇠솥, 돌솥, 압력솥, 전기솥 순으로 밥맛이 좋다는 결과가 나왔다.

무쇠솥

먹는 이를 위한 배려

식탁에서 포크와 나이프를 사용해 음식을 썰어 먹는 양식과 달리 한식은 수저로 집어 먹을 수 있도록 미리 5~6센티미터 정도의 한입 크기로 썰어 조리한다. 조선시대에 이르러서 조리법이 더욱 섬세하고 정교해졌는데 이는 유교 사상으로 수염을 길게 기른 어른 등 먹는 사람이 품위를 지키도록 배려하여 재료를 더 작게 만들었기 때문이다. 잘게 썰거나 다지는 음식 형태는 양념이 빨리 스며들고, 요리 시간이 단축되며, 맛이 뛰어난 장점도 있다.

한국인의 국물 사랑

한국인은 '국물 민족'이라 불릴 만큼 국물 음식을 좋아한다. 그러다 보니 말아 먹는 형태의 각종 국밥과 오랜 시간을 들여 끓여 내는 설렁탕과 곰탕 같은 고음 음식이 발달하였다. 국, 탕, 찌개 외에도 편육,

찜, 지짐이 등과 같이 물과 수증기를 이용하여 조리한 음식이 많다. 조선시대 이후 문헌에 보면 한국 음식 중 국류가 200여 가지, 전골이나 찌개류가 90여 가지, 떡국과 수제비를 포함한 국수류가 80여 가지[3]나 된다.

곰탕과 설렁탕의 차이점

얼핏 보면 비슷해 보이는 곰탕과 설렁탕은 무엇이 다를까? 한마디로 설렁탕은 뼈 국물이고 곰탕은 고기 국물이다. 설렁탕은 뼈를 고아서 만들어 국물이 뽀얗고, 곰탕은 고기로 국물을 낸 것으로 국물이 맑다.

통과의례와 의례 음식

한국인은 유교의 영향으로 예부터 의례를 중시하였다. 태어나면서부터 죽을 때까지 삶의 중요한 전환기에 치르는 통과의례 의식에서 음식상도 중요한 부분을 차지하였다. 출산 후에는 쌀과 미역을 이용한 삼신상을, 백일과 돌에는 떡과 과일 등으로 백일상과 돌상을 차렸다. 현대의 성인식과 같은 관례(남자)와 계례(여자) 시에는 각각 전통주와 전통차를 안주, 다과와 함께 상에 올렸다. 온갖 화려한 음식들이 등장하는 의례로는 혼례와 수연례가 있다. 이때 차리는 큰상(고배상)에는 특히 정성과 노력이 많이 들어가는 다양한 고임 음식을 올렸다.

아직도 많은 가정에서 치르는 제사 때는 한 상 가득 음식을 차린

3 동아일보사 한식문화연구팀, 『우리는 왜 비벼먹고 쌈 싸먹고 말아먹는가』, 동아일보사, 2012

돌상

제사상

다. 각 가정의 진설법에 따라 제기를 사용해 제사상을 차리는데 반과 갱이라 하여 밥과 국을 올리고, 술과 각종 과일, 나물, 전, 적, 포, 장, 떡 등을 올렸다. 제사는 살아 있는 사람이 죽은 이의 영혼과 만나는 것이며, 죽은 이를 대접하는 하나의 관례라 믿었다. 제사를 통해 효를 표현하고 예를 다한 것이다. 통과의례 의식과 상차림은 과거보다 축소되었으나 현대에 맞게 변화되어 가족들의 건강과 화목을 도모하고 복을 빌어 주며 함께 축하하는 것은 여전하다.

한국의 발효 음식

한국에서는 음식을 먹는 게 아니라 '정'을 먹는다고 할 정도로 정성을 기울여 음식을 만드는데 이를 여실히 보여 주는 것이 바로 발효 음식이다. 발효 음식은 한식의 근간이라 할 수 있는데 가장 대표적인 것이 김치이고, 그 외에도 간장, 된장, 고추장 같은 장류, 과거 가정마다 담가 먹었던 식초 그리고 어패류로 담그는 젓갈과 식해 등이 있다.

한국인의 소울푸드, 김치

김치는 독특한 방식으로 저장, 발효되는 한국식 채소 음식으로 한국의 자랑이다. 2013년에는 유네스코 인류 무형문화유산으로 '김장문화: Kimjang, making and sharing kimchi'가 등재되었다. 김장은 신선한 채소가 부족한 길고 혹독한 겨울을 나기 위해 김치를 담그는 모든 과정을 일컬으며 한국 공동체 문화의 산물이기도 하다.

김치는 한국인의 식사에서 빠질 수 없는 반찬이며, 대부분의 한국 사람에게 김치 없는 밥상은 상상할 수도 없다. 기본적인 한식 밥상은 김치와 밥만으로도 이루어지며, 아무리 화려한 만찬이라도 한식에는 김치가 빠지지 않는다.

김치의 역사와 종류

한국사에서 김치에 대한 기록은 천삼백 년 전 위로 거슬러 올라간다. 아주 오래전에는 순무, 가지, 부추 등을 소금으로만 절여 먹었고, 그 후 여러 채소를 응용하면서 종류가 다양해졌다. 조선시대에 외국으로부터 고추가 유입되어 김치 양념의 하나로 자리 잡았고 현재와 같은 형태가 만들어졌다.

김치는 지금까지 알려진 종류만 해도 약 200여 종이 넘는다. 현대에도 새로운 종류의 김치가 계속해서 생겨나고 있다. 지역별로 맛과

배추김치

동치미

깍두기

재료에 차이가 있어 각 지역마다 특유의 별미 김치를 맛볼 수 있다. 가령 전라도는 갓김치와 고들빼기김치가 유명하고, 개성은 보쌈김치, 경상도는 콩잎김치, 부추김치, 깻잎김치가 유명하다.

과학적 지혜가 담긴 김치

김치는 배추와 같은 채소를 소금으로 절인 후 무채, 갓, 미나리 등의 부재료와 쪽파, 마늘, 생강, 고춧가루 같은 양념을 멸치젓이나 새우젓과 섞어 넣고 버무린 발효저장 식품이다. 식물성 식품과 동물성 식품이 섞여 발효되면서 영양소가 다양해지고 맛도 풍부해진다.

특히 고추를 김치에 이용한 지혜는 놀랍다. 고춧가루의 '캡사이신'

은 매운 성분을 포함하고 있으며, 비타민 C가 풍부해 항산화제의 기능을 한다. 또한 고추는 미생물의 부패를 억제하는 기능이 있어 음식이 쉽게 상하지 않게 한다. 중국과 일본의 채소절임과 명백히 구분되는 특징이 여기에 숨어 있다. 중국과 일본의 채소절임은 저장의 목적으로 소금을 쓰기 때문에 많이 넣어야 하고 따라서 짜게 절여질 수밖에 없다. 그러나 한국의 김치는 고춧가루를 사용하기 때문에 소금의 양을 줄일 수 있어 오래 저장해도 다른 절임 음식들처럼 신맛과 짠맛만 강해지거나 시들해지지 않는다. 절여도 싱싱하고 개운하며 특유의 감칠맛과 풍미가 뛰어나다. 이것이 김치를 최고의 발명품이라고 하는 이유이다.

콩으로 만드는 한국의 장

김치와 더불어 빼놓을 수 없는 한국 음식이 바로 콩으로 만든 장이다. 콩의 원산지는 한국의 최북단 지역인 지금의 만주 땅으로, 콩은 한반도의 척박한 토양에서도 잘 자란다. 된장, 간장, 고추장, 청국장 등 한국의 장은 깊고 그윽하면서도 감칠맛 나고, 영양과 풍미가 뛰어난 건강 소스이다. 한식은 산과 들에서 나는 채소를 이용한 채식 요리가 발달하였는데 부족한 단백질은 장으로 보충하였다.

한국에는 사계절이 존재하는데 계절 변화를 거치면서 다양한 미생물이 작용하여 콩이 발효된다. 발효된 콩 단백질은 아미노산 형태가 되는데 소화가 잘되고 감칠맛이 난다. 이렇듯 한국은 기후적으로 콩 발효에 적합하다.

콩

우리말 '콩'의 어원은 바닥에 '콩' 하고 떨어지는 소리에서 유래한 것이라는 설이 가장 설득력을 얻고 있다. 흔히 콩을 밭에서 나는 고기라고 하는데 곡식이지만 육류에 더 가까운 영양 성분이 들어 있기 때문이다.

장 발효의 특징, 복합 발효

대표적인 발효 음식인 치즈는 우유의 단백질만을 모아 덩어리를 만든 후 곰팡이를 이용해 숙성시켜 만든다. 인도네시아의 템페라는 콩 발효 식품도 곰팡이를, 일본의 낫토는 낫토균을, 빵이나 와인은 효모를 이용하는 '단일 발효'에 해당한다.

그런데 한국의 장은 곰팡이, 세균, 효모 세 가지 미생물을 모두 이용하는 '복합 발효'의 산물이다. 일반적으로 발효란 적당히 산소를 차단하는 혐기적인 상태에서 이루어지는데, 장은 완전히 자연에 노출된 채 발효가 진행된다는 점이 특징이다. 그래서 장을 제대로 발효시키기 위해서는 정성이 필요하다.

장맛의 비밀, 옹기 숙성과 겹장

한국의 전통 장은 장독이라고 하는 전통 옹기에 보관하는데 옹기는 숨을 쉬는 용기로 장의 숙성을 돕는다. 낮에는 장독 뚜껑을 열어 직사광선에 노출하여 잡균을 없애고, 밤에는 수분이 들어오지 못하도록 뚜껑을 닫아 준다. 숙성 초기에는 장이 잘 익도록 수시로 장을 저어 주어야 하며, 항아리 외부는 잡균이 자라지 못하도록 늘 깨끗하게 청소하고 유지해야 하는 등 사람의 관심과 수고가 필요하다.

한국의 유서 깊은 가문은 오랫동안 장맛과 품질을 유지하기 위해 노력해 왔다. 각 가정의 음식 맛은 장맛으로 좌우되고 그 맛은 대를 이어 가문의 자랑이 되기도 한다. 해가 바뀌어도 장맛이 유지되는 비결은 바로 '겹장'이다. 잘 숙성된 간장을 적당량 남겨 다음 해에 새로 만든 장에 부어서 기존 간장 맛의 균형과 향을 유지한 것이다.

바다의 선물, 젓갈과 식해

우리나라 발효 음식 중 또 하나 빼놓을 수 없는 것이 바로 젓갈과 식해이다.

젓갈과 젓국

가자미식해

젓갈은 생선, 조갯살, 새우 등을 20퍼센트 내외의 식염과 버무려 항아리 등의 용기에 넣고 밀폐한 후 상온 저장하여 만든다. 발효 과정에서 생선 비린내가 없어지고 아미노산 발효로 구수한 맛이 나며 약간의 즙액이 생긴다. 여기에 양념을 하면 창란젓, 조개젓, 새우젓 등의 반찬이 되고, 상온에서 6~12개월 발효시킨 후 갈아서 체에 걸러 끓이면 수년간 보관할 수 있는 젓국이 된다.

식해는 내장을 제거한 생선에 소금과 곡물을 넣어 발효시킨 것이다. 발효 2주 후에는 생선의 단백질이 적당히 분해되어 구수한 감칠맛이 생기고 유기산 발효로 적당히 신맛이 나서 비린 맛을 상쇄한다. 생선의 뼈도 연해져서 뼈째 먹을 수 있어 칼슘이 부족하기 쉬운 우리 밥상에 도움이 된다. 가자미식해가 대표적이다.

한식 상차림과 식사 예절

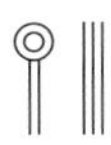

한국은 상차림에 있어서 격식과 예를 중시하였다. 이는 효와 충을 기본 도덕관으로 하는 조선시대 유교 사상의 영향을 받아 정착된 양식이다. 전통적으로는 독상을 기본으로 하였고, 구한말 이후 근대에 들어서면서 온 가족이 둘러앉아 함께 먹는 두레상이 기본이 되었다.

상차림의 종류

반상

일상식의 상차림으로 주식인 밥과 반찬으로 차린다. 높임말로 진지상, 궁중에서는 수라상이라 하고 반찬 수에 따라 3, 5, 7, 9, 12첩으로 나뉘는데, 12첩은 궁중에서만 차렸다. 밥과 국, 김치, 조치류, 장, 찜 등은 첩 수에 들지 않고 생채, 숙채, 구이, 조림, 전, 장아찌, 편육, 회, 마른반찬 등의 수에 따라 첩 수를 정했다.

5첩 반상

장국상(면상)

국수장국과 몇 가지의 간단한 음식으로 차린 상이다. 평소 점심 식사나 간단한 손님 접대용 상차림이다. 온면, 냉면, 떡국, 만둣국과 나박김치, 잡채, 편육, 찜이 오르기도 한다. 조선시대에는 밀이 귀하여 국수장국은 별미 음식이었는데, 특히 자녀 생일에 국수처럼 명이 길기를 기원하며 장국상을 차리기도 했다.

잡채

잡채는 섞다는 뜻의 '잡(雜)' 자에 채소를 뜻하는 '채(菜)' 자를 써서 여러 채소를 섞은 음식을 말한다. 이름처럼 원래 당면은 들어가지 않았다.

요즘 형태의 잡채는 1919년 황해도 사리원에 당면 공장이 처음 생기면서 시작되었고 본격적으로 먹기 시작한 것은 1930년 이후부터라고 한다.

주안상

다과상

주안상

술과 이에 어울리는 안주로 차린 상으로 술을 간소하게 대접할 때 쓰인다. 술은 청주, 탁주, 소주, 가양주 등을 썼고, 안주는 전, 전골, 포 등을 기본으로 한다.

다과상

차와 과일, 한과류로 차린 상차림이다. 평소 간식이나 식사 때 이외의 손님 접대로 차리기도 하고 주안상이나 장국상의 후식으로 내기도 한다. 각 계절에 잘 어울리는 떡, 과일, 음청류를 선택해 올린다.

교자상

큰 사각 반이나 원반에 여러 사람을 함께 대접하는 상차림으로 잔치나 회식, 경사에 차린다. 면, 탕, 찜, 전, 편육, 적, 회, 겨자채, 신선로, 떡, 과일, 과정류, 음청류 등을 올린다. 교자상차림에서 술과 안주를 위주로 차린 것은 건교자상이라 하고 밥과 국을 위주로 차린 것은 식교자상, 건교자와 식교자를 혼합한 형태는 얼교자상이라 구분한다.

고배상(고임상)

떡, 한과류, 포, 건과류, 과일을 위시한 각종 특별 음식 15~20여 가지를 각각 20~50센티미터로 높이 괴어 담고 줄을 지어 배선한다. 양옆에는 상화(잔칫상이나 전물상에 꽂는 조화)를 놓아 장식하고 주인공 앞에는 직접 먹을 수 있는 입맷상을 차린다. 격조 높고 화려한 상차림으로 혼례, 회갑례, 회혼례 등의 잔치에 상 받는 분의 장수, 만복을 기원하기 위해 차리는 특별 상차림이다.

고배상

한식의 멋을 더하는 전통 그릇과 수저

식기는 음식 문화의 완성이다. 아무리 맛있는 음식도 제대로 된 식기에 담기지 않으면 그 빛을 잃는다. 한국 음식이 아름다운 음식으로 알려지게 된 데에는 한국만의 독특한 그릇도 한몫하였다. 고려청자는 세계 최고 수준을 자랑하는데, 알고 보면 고려청자도 대부분 음식을 담는 그릇이었다.

흙을 빚어 만든 사기그릇과 놋으로 만든 유기그릇이 대표적이다. 일반적으로 자기는 여름용으로, 유기는 겨울용으로 분류해 단오부터 추석까지는 사기그릇을 사용하고, 추석부터 단오 이전까지는 유기그릇을 사용하였다. 물론 이때도 계급에 따른 차이가 있어 승려는 목기를 주로 사용하였고, 일반 서민은 옹기라 불리는 투박한 그릇을 썼다.

반상기

반상기

일상상차림에 사용되는 그릇을 반상기라고 한다. 상을 차릴 때는 같은 재질의 그릇을 올리는데, 주발과 바리의 모양을 따서 같은 형태와 문양으로 한 벌을 갖추어 사용한다.[4]

남성용 밥그릇은 주발, 여성용 밥그릇은 바리라고 하며 모두 뚜껑이 있다. 국을 담는 그릇

---

4 황혜성, 한복려, 한복진, 정라나, 『3대가 쓴 한국의 전통음식』, 교문사, 2010

을 탕기라고 하며, 숭늉이나 국수를 담는 그릇은 대접이라고 한다. 조치보는 찌개를 담는 그릇으로 주발과 같은 모양이고 크기는 탕기보다 한 치수 작다. 김치는 보시기에 담고, 전이나 구이, 나물, 장아찌 등 대부분 찬은 쟁첩에 담는데 이 첩의 수가 바로 반찬의 수이다. 그 외에 간장, 초장, 꿀 등을 담는 종지와 떡이나 약식, 찜 등을 담는 합 등이 있다.

전통 저장 용기

발효 저장 음식이 발달했던 만큼 이를 담는 용기도 발달하였다. 옹기는 질그릇과 오지그릇을 말하는데, 유약을 입히지 않고 구워 낸 것이 질그릇, 유약을 입힌 것이 오지그릇이다. 된장, 고추장, 간장 등의 장류와 김치를 저장했던 옹기는 우리 식생활에서 중요한 역할을 하였다. 우리나라에 발효 음식이 발달한 것은 과학적인 옹기가 있었기 때

문이기도 하다. 옹기는 수분은 통과하지 못하지만 미세한 구멍을 통해 공기는 통할 수 있어 내용물의 발효가 잘 되고 장기간 보존도 가능하다. 현대에는 옹기의 과학적 원리를 접목한 새로운 형태의 김치 저장고인 김치냉장고가 옹기를 대신하고 있다.

숟가락과 젓가락

한국 식문화의 특징 중 하나는 수저 사용이다. 숟가락과 젓가락 한 벌을 의미하는 수저는 개인마다 정해진 것을 사용하며 손님용을 따로 장만해 둔다. 숟가락으로는 밥과 국을 먹고 젓가락은 찬을 먹는 데 사용한다.

수저 사용에 있어서 주가 되는 것은 숟가락이다. 일본이나 중국 등 밥을 주식으로 하는 다른 나라에서는 젓가락이 주이고 숟가락은 보조 역할을 하지만 우리는 숟가락이 더 중요한 역할을 한다.

수저의 변화

한국에서 가장 오래된 숟가락은 청동기시대의 유적에서 출토되었다. 숟가락과 젓가락을 병용하게 된 것은 삼국시대부터였는데 이는 우리 밥상이 국물 음식과 국물이 없는 음식을 함께 먹게끔 되어 있기 때문이다.

수저의 형태도 변화하는데 고려시대에는 좁고 길쭉한 타원형으로 숟가락 자루가 크게 휘어지거나 제비꼬리 모양 등 형태가 다양하였는데 조선시대에 들어서면서 앞이 둥글고 깊어지면서 자루도 휘어짐이 줄어들어 현대와 비슷한 형태가 되었다.

수저는 상고시대 이후 변화를 거듭한다. 초기에는 주로 청동수저였다가 놋쇠수저, 유기수저, 백동수저, 은수저로 변화되었고, 나무수저와 자기수저도 사용하였다. 지금은 스테인리스 수저를 많이 사용하는데 발효 음식의 냄새가 배지 않고, 국물 음식을 떠먹기에 좋다. 또 금속으로 만들었기 때문에 삶고 소독할 수 있어 위생적이다.

수저와 수젓집

식사법과 예절

식사 예절이란 식사할 때 지켜야 할 규칙을 말하는데, 달리 말하면 사람이 모여 먹고 마시고 이야기할 때 즐거운 분위기를 만들려 노력하는 것이다.

한국은 유교의 영향으로 식사 자리에서 어른을 공경하는 것을 중요시하여 다음과 같은 예절을 지키도록 교육하였다.

① 어른이 먼저 수저를 든 후 식사를 시작한다.

② 어른이 수저를 내린 다음 따라서 내려놓는다.

③ 어른이 식사를 마치기 전에 먼저 일어나는 것은 예의에 어긋난다.

④ 어른과 함께하는 식사 자리에서 술을 마시게 되면 왼편이나 윗사람이 보지 않는 쪽으로 몸을 틀어서 마신다.

식사 자리에서 지켜야 할 기본 예절

- 밥이나 반찬을 뒤적이며 먹지 않는다.
- 반찬의 양념을 털어 내거나 골라내지 않는다.
- 국은 그릇째 들고 마시지 않는다.
- 소리를 내며 먹지 않는다.
- 멀리 떨어져 있는 음식은 그 음식과 가까이에 앉은 사람에게 부탁해 덜어 먹는다.
- 다른 사람과 함께 먹을 때는 개인 접시를 이용해 조금씩 덜어 먹는다.
- 생선 가시, 뼈 등은 휴지나 작은 그릇을 사용하고 상 위에 버리지 않는다.
- 음식 그릇 위에 머리를 지나치게 숙이지 않는다.
- 음식이 묻은 수저를 찌개와 같이 여럿이 먹는 음식에 넣지 않는다.
- 밥이나 국이 아무리 뜨거워도 입으로 불지 않는다.
- 입 안에 음식이 있을 때는 말하지 않는다.

배려로 만든 음식

조선시대는 유교 사회로 기본적으로 연장자를 우대한다. 그래서 다음과 같이 노인들을 배려한 음식이 만들어졌다.

숙깍두기

깍두기는 맛은 있지만 다른 김치에 비해 딱딱하기 때문에 노인들이 베어 먹기가 힘들다. 숙깍두기는 무를 한 번 찐 다음 깍두기를 담는 것으로, 무가 부드러워져 씹을 때 부담이 줄어든다.

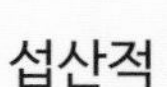

섭산적

쇠고기를 곱게 다져 양념해 굽는 음식으로 노인들이 쇠고기를 씹기 좋도록 다져 만들었다. 쇠고기가 귀했던 시절 많은 사람들에게 단백질 공급원의 역할을 했던 귀중한 음식이다.

타락죽

타락죽은 조선시대에 노인을 봉양하려 만든 음식이다. 죽은 소화가 용이하여 노인들이 먹으면 속이 편안한 음식인데 타락, 즉 우유를 넣어서 영양적으로도 풍부하게 만들었다. 우유는 당시에 대단히 귀한 식품으로 이를 죽으로 쑤어 노인들을 봉양한 것은 노인을 공경하는 우리의 미풍양속이었다.

2부 한식의 다양성

한식의 종류

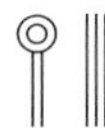

한국 음식 문화의 정수, 궁중 음식

한 나라 음식 문화의 최정상에는 대부분 왕실 음식이 존재한다. 한국도 마찬가지로 궁중 음식 문화가 발달하였다. 한국의 궁중 음식은 먹는 것을 단순히 먹는 것으로만 생각하지 않고 격식과 법도, 질서를 엄격히 지켰다.

궁중상차림은 크게 일상상차림과 연회상차림으로 나눌 수 있다. 일상상차림에는 수라상과 초조반, 낮것상, 면상 등이 있다. 궁중에서는 보통 하루에 다섯 번의

수라상

식사를 올렸는데, 이른 아침에 초조반, 오전 10시와 오후 5시에 수라상, 점심 때 낮것상, 밤에는 야참을 올렸다.

수라상은 임금과 왕비가 평소에 받는 진짓상으로 12첩 반상으로 차렸다. 흰수라(흰쌀밥)와 팥수라(팥밥), 탕 두 가지, 기본 음식인 찜·전골·김치와 각종 장, 그리고 조리법이 겹치지 않은 열두 가지 찬을 올렸다. 초조반은 이른 아침에 허기를 면하기 위한 상으로 보통 죽이나 응이, 미음 등을 마른 찬 두세 가지, 김치, 맑은 조치 등과 함께 올렸다. 점심에 차리는 낮것상은 죽상이나 장국상, 다과상으로 간단하게 차렸고, 야참으로는 국수나 약식, 식혜, 죽 등을 올렸다.[5]

연회상차림은 궁중에 잔치가 있을 때 차린 상으로 잔치는 탄일, 회갑 등 특별한 날이나 왕세자 책봉, 가례, 사신 영접 등 국가 경사가 있는 날에 열었다. 어상은 잔칫날에 임금이 받는 상을 말하는데 음식을 높이 쌓아 올려 조화로 화려하게 장식하였다. 민간에서 혼인이나 회갑 잔치에 고배상을 올리는 것도 궁중 연회의 고배 음식을 모방한 것이다. 돌상은 왕자나 공주의 첫돌을 축하하기 위한 상으로 각종 편

궁중 연회 고배 음식

5 한식재단, 『조선왕실의 식탁』, 2013

을 많이 만들어 여러 집에 나누어 보냈다. 이는 봉송(꾸러미)이라고 하여 궁중 음식이 반가 음식과 소통하는 계기가 되었다.

신선로

온갖 귀한 재료가 다 들어가 오묘한 국물 맛을 보여 주는 대표적인 궁중 음식으로 입을 즐겁게 하는 음식이라는 뜻에서 '열구자탕'이라고 불렀다.

신선로라는 이름은 홍선표가 쓴 『조선요리학』에 나온다. 주인공은 연산군 때 살았던 정희량이라는 양반이다. 정희량이 무오사화에 연루되어 의주로 귀양 갔다 돌아왔는데, 귀양지에서 도사가 다 된 그는 앞으로 더 심한 사화가 있을 테니 깊은 산중에 들어가 중이 되겠다고 하면서 집을 나갔다. 그 후 이름을 이천년이라 고치고 산수를 방랑하면서 신선처럼 살았다. 화로를 만들어 가지고 다니면서 여러 가지 채소를 넣어 익혀 먹었는데 그가 세상을 떠난 후 사람들이 신선이 쓰던 화로라고 하여 이를 신선로라 불렀다고 한다.

한식의 유산, 반가 음식과 종가 음식

조선시대 양반가의 음식을 반가 음식이라고 한다. 조선시대에는 유교의 영향으로 격식과 법도를 중시하였는데, 반가 음식은 이러한 유교적 전통이 잘 살아 있는 음식이다. 반가 음식은 궁중 음식과 비슷한데 조선시대 왕실과의 혼맥을 통하여 궁중과 민간의 음식 교류가 이루어졌기 때문이다.

반가 중에서 종가는 한 문중에서 맏이로만 이어 온 큰집을 말하는데, 대대로 이어 온 가문의 명맥만큼이나 내림 음식의 역사도 길고 발달하였다. 종가는 특히 제사와 손님 접대를 중시하였는데, 매해 수십 차례씩 치르는 제사와 끊임없는 손님 접대로 종가 음식이 발달하였다.

궁중 음식은 어떻게 민가에 전해졌을까?

조선 왕실의 궁중 음식은 왕실과 반가의 혼인이나 또는 왕실에서 신하에게 음식을 내리는 봉송의 형태로 조선 반가로 퍼져 나갔다. 그러다 구한말 조선의 몰락으로 왕실 밥상을 책임지던 숙수들과 궁중 내인들이 민가로 나와 당시 요정 형태의 한정식집에 취업하여 궁중 요리를 선보이게 되었다.

최초의 한정식 식당으로 알려진 명월관은 대령숙수였던 안순환이 1909년경 설립하였다. 명월관은 한정식 요리의 원조로 최초로 궁중 음식을 대중들에게 선보였을 뿐만 아니라, 음식을 즐기는 방식에도 변화를 가져왔다. 전통 한식은 개인마다 상을 차리는 독상 방식이었는데, 명월관 요리가 유행한 이후 4인이 함께 요리를 먹을 수 있는 교자상으로 바뀌게 되었다.

채식 요리의 결정판, 사찰 음식

사찰 음식은 불교에서 허용하는 승려들이 먹는 음식을 말한다. 최근 육식으로 인한 환경 및 건강 문제가 생기자 채식이 주목받기 시작했는데 한국의 사찰 음식이 세계적으로 알려져 많은 외국인이 사찰로 찾아와 이를 체험하고 익히기도 한다.

사찰 음식은 육류와 오신채(파, 마늘, 흥거, 부추, 달래), 인공 조미료를 넣지 않는 채식(菜食)이 기본이다. 불교의 기본 정신을 바탕으로 하여 소박한 재료를 가지고 자연의 풍미를 살려 독특한 맛을 내고, 음식은 끼니때마다 준비하며, 반찬의 가짓수는 적게 만든다.

지역마다 발달한 향토 음식의 향연

향토 음식은 각 고장에서 전통적으로 내려오는 음식으로 지역에서 생산되는 재료와 양념, 고유의 조리법으로 만든다. 우리나라 향토 음식의 발달은 그 역사가 깊은데 조선시대 학자 허균의 『도문대작』에는 조선 팔도의 명물 토산물과 별미 음식이 소개되어 있다.

지금은 산업과 교통의 발달로 타 지역과 교류가 활발해지면서 각 지방의 특산물과 음식이 전국 곳곳으로 퍼져 지역의 독특한 음식을 찾아보기 어렵게 되었다. 그나마 지금까지 보존되고 널리 알려진 각 지역의 향토 음식을 살펴보면 다음과 같다.

서울 음식

전국에서 갖가지 음식 재료가 모이는 곳으로 이를 활용하여 고급스럽고 사치스러운 음식을 만들었다. 상차림은 격식을 따져 복잡한 편이며 가짓수가 많고 양은 조금씩 차린다. 대표 음식으로는 신선로, 장국밥, 설렁탕, 육개장, 떡국, 추어탕, 탕평채, 국화전, 도미찜 등이 있다.

탕평채

영조가 탕평책을 논할 때 당파를 초월해 함께 화합하기를 바라는 마음에서 청포묵에 온갖 채소를 넣어 섞어 만든 음식인 청포묵 무침을 내놓았고 이를 일러 '탕평채'라고 했다는 유래를 가지고 있다.

경기도 음식

전체적으로 음식이 소박하고 평범하며, 양념도 수수하게 써서 중용의 맛을 띤다. 그러나 고려시대의 도읍지였던 개성은 음식이 화려하고 사치스러운데, 조랭이떡국과 편수가 유명하다. 대표 음식으로는 개성보쌈김치, 개성경단, 개성순대, 수원천어탕, 광주해장국, 오곡밥, 냉콩국수, 종갈비찜, 선지국, 오이선, 호박선, 호박범벅 등이 있다.

조랭이떡국

특이하게 개성 지방에서는 조롱박 모양의 조랭이떡국을 끓여 먹는 풍습이 전해져 온다. 일설에는 대나무 칼로 떡을 누르는 것이 조선 태조 이성계의 목을 조르는 것을 상징한다고 한다. 개성(송도)을 수도로 했던 고려가 멸망하자 그 원한을 조랭이떡을 만들면서 풀려고 한 데서 기원했다고 한다.

충청도 음식

충청 지방은 상차림이 호화롭지 않고 흔한 재료로 꾸밈없이 요리한다. 일반적으로 충남은 수산물이 많으나 내륙에 위치한 충북은 그렇지 못하여 자반 젓갈이 고작이지만 산과 들에서 채취한 향기로운 산채와 버섯이 풍부하다. 추수 후에 논이나 둑에서 잡히는 민물새우와 싱싱한 무를 곁들여 요리한 구수한 무지짐이를 즐긴다. 대표 음식으로는 웅어회, 장국밥, 어리굴젓, 게젓, 소라젓, 콩나물밥, 청국장, 게장, 아욱국, 상어찜, 호박죽, 호박고지 등이 있다.

청국장

청국장은 우리나라 고유 음식으로 고구려에서 처음 만들어 먹었다고 한다. 만주 지방에서 말을 몰고 다니던 고구려인들이 콩을 삶아 말안장 밑에 넣고 다니며 수시로 먹었던 데서 유래한 음식이다. 말의 체온에 의해 삶은 콩이 자연 발효되면서 쉽게 상하지 않고 영양가도 풍부한 청국장이 만들어진 것이다.

경상도 음식

동해와 남해에서는 싱싱한 생선과 해초를, 산지에서는 향기로운 산채를 손쉽게 얻을 수 있다. 다양한 재료로 만든 요리는 맵고 짜면서도 감칠맛이 있다. 국수를 즐기는데 날콩가루를 섞어서 손으로 밀어 칼로 써는 칼국수를 제일로 치고 장국수에는 쇠고기보다 멸치나 조개를 많이 쓴다. 대표 음식으로는 애호박죽, 부산재첩국, 마산미더덕찜, 단풍콩잎장아찌, 안동건진국수, 대구육개장, 깨집국, 고등어회, 꼴뚜기튀김, 꿩만두, 메뚜기볶음, 동래파전, 안동식해, 통영돔찜, 풍장어국 등이 있다.

칼국수

뜨끈한 칼국수는 원래 여름 음식이었다고 한다. 워낙 밀이 귀해 수확할 때나 한 번 별미로 먹을 수 있었던 것이다. 칼국수에 감자나 애호박이 빠지지 않는 것도 그맘때 한창 맛이 드는 곡식이 감자와 애호박이었기 때문이다.

전라도 음식

서해와 남해의 풍부한 해산물, 기름진 평야의 오곡, 각종 산나물을 재료로 하여 사치스럽게 요리하는 것이 특징이다. 곡창지대로 부유한 토반들이 대를 이어 음식 만드는 법을 전수하여, 풍류와 맛의 고장이라 한다. 반찬의 종류가 많아 한정식집에 가면 접시를 포개야 할 정도로 푸짐하게 나온다. 대표 음식으로는 전주비빔밥, 콩나물국밥, 용봉탕, 보릿국, 삼합, 꼬막무침, 깨죽, 김치잎쌈, 김치느르미, 두루치기, 뱀장어구이, 뱅어회, 죽순채, 전주천어탕, 토란탕, 꽃게장 등이 있다.

비빔밥

비빔밥의 유래는 세 가지가 있다. 첫 번째는 제사 풍습에서 시작되었다는 것인데, 밥, 고기, 생선, 나물 등 제사상에 올렸던 음식을 후손들이 비벼 먹었다는 것이다.

두 번째는 한 해의 마지막 날 음식을 남긴 채 새해를 맞지 않기 위해 밥에 남은 반찬을 모두 넣고 비벼 먹었던 풍습에서 생겼다는 주장이다.

세 번째는 모내기나 추수 때 이웃들이 서로 일을 도와주면서 시간과 노동력을 절약하기 위해 음식 재료를 들로 가지고 나가 한꺼번에 비벼서 나눠 먹었다는 것이다.

강원도 음식

강원도의 고원지대에는 찰옥수수, 메밀, 감자, 해안에서는 오징어, 명태, 해초, 산악 지방에서는 두릅, 곰취 등의 향기로운 산채와 석청(꿀) 등이 많이 생산된다. 소박하고 토속적인 간단한 요리법으로 천연의 향미를 충분히 살리는 것이 특징이다. 대표 음식으로는 감자묵, 메밀전병, 올갱이묵죽, 도토리묵, 감자범벅, 방풍죽, 올챙이묵, 진달래화전, 아욱죽, 콩나물잡채, 지누아리장아찌, 미역쌈 등이 있다.

콩나물

조선시대에는 콩나물을 길러서 말린 다음에 '대두황건'이라 하여 청심환의 원료로 중국에 수출까지 하는 매우 귀중한 약재로 여겼다고 한다. 지금도 청심환의 원료로 사용하고 있다.

제주도 음식

사면이 바다인 제주도에는 본토와 다른 음식들이 많다. 요리법이 간단하고 양념을 많이 하지 않으나 재료마다 자연의 독특한 향기로움이 입 속에 감도는 것이 특색이다. 쌀이 귀하여 잡곡이 주식이며,

전복죽

오메기떡

돼지고기와 닭고기를 많이 쓴다. 기온이 따뜻해 귤과 오미자가 많이 생산된다. 대표 음식으로는 빙떡, 자리회, 자리젓갈, 옥돔죽, 전복죽, 꿩마농, 메밀저배기, 돼지새끼회, 톳나물, 양하무침, 오메기떡 등이 있다.

황해도 음식

황해도는 곡물과 가축이 풍부하고 수산물도 풍부하여 생활이 윤택하고 인심이 좋다. 이곳의 음식은 양이 푸짐하고 요리에 기교를 별로 부리지 않으나 은근한 맛과 멋이 풍긴다. 음식의 간은 짜지도 싱겁지도 않고 소박하고 구수한 것을 좋아한다. 대표 음식으로는 들깻잎, 김치밥, 부각, 호박김치, 비지밥, 밀낭화, 청포묵, 숭어회밥, 김치국, 수수죽, 해주교반, 남매죽, 황해도고기전 등이 있다.

해주교반

김치밥

평안도 음식

산세가 험하고 옛날부터 중국과 교류가 많아서 평안도 사람은 성격이 진취적이고 실용적이다. 음식은 대체로 간이 심심하며 맵고 짜게 먹는 일이 적은 대신, 풍성한 것을 즐겼다. 날씨가 추워서 기름기 있는 고기를 좋아하고 밭이 많아서 콩과 녹두를 이용한 음식이 많다. 대표 음식으로는 냉면, 어복쟁반, 빈대떡, 닭죽, 어죽, 만둣국, 노티, 콩비지 등이 있다.

어복쟁반

노티

함경도 음식

험한 산과 동해가 있어서 산해진미를 맛볼 수 있다. 음식이 큼직하고 대륙풍이며 기교를 부리지 않는다. 간은 짜지 않고 담백하나 마늘, 고추 등 양념을 강하게 쓰기도 한다. 대표 음식으로는 함흥냉면, 가릿국, 돼지순대, 가자미식해, 동태순대, 콩부침, 감자막가리만두, 도루묵구이, 두부장, 수수죽 등이 있다.

회냉면

돼지순대

두부

두부는 고려 말 원나라로부터 전래되었지만, 우리나라의 두부 만드는 솜씨가 뛰어나 중국과 일본에 다시 그 기술을 전해 주었다는 기록이 있다.

세종 16년인 1434년 명나라 사신으로 갔던 박신생이 중국 천자의 칙서를 세종대왕에게 전달했는데 칙서에는 "조선의 임금이 일전에 보내 준 찬모들은 모두 정갈하고 맛깔스럽게 음식을 만드는데 음식 중에서 특히 두부가 정미(情味)하다."고 칭찬하였고 "다시 찬모 열 명을 뽑아서 두부 만드는 솜씨를 익히게 한 다음 사신 오는 편에 함께 보내달라."고 적혀 있다.

시절 음식, 계절 따라 음식 먹기

과거 농경 사회에서는 계절의 변화가 무엇보다 중요했다. 따라서 계절을 24절기로 구분하여 농사 지을 때 기준으로 삼았다. 명절 또한 다르지 않아 '농경의례'라고 불릴 만큼 농사와 직접적으로 관련이 있었다. 명절 풍습의 내면에는 풍요 기원, 신과 조상 숭배, 액막이, 보신, 질병 예방, 풍류 등이 있었다. 요즘에는 명절 풍습 또한 변화하고 축소되었다.

세시 음식 중 현대까지 즐겨 먹는 것은 설날 떡국과 추석 송편, 대보름 오곡밥과 약식, 부럼, 삼복 삼계탕과 육개장, 동지 팥죽 정도이다. 아직도 설날이면 가족들이 모여 떡국을 먹고 조상께 제사를 지낸다. 정월대보름에는 오곡밥과 아홉 가지 나물을 먹어 부족한 영양을 보충하고 호두나 땅콩같은 부럼을 깨물어 이를 튼튼하게 한다. 여름 삼복더위에는 이열치열이라고 하여 오히려 뜨거운 음식으로 더위를 물리치고 몸을 보하는 풍속이 있다. 추석에는 추수한 햅쌀로 송편을 빚으면서 가족의 우의를 다진다. 동지의 붉은 팥죽은 붉은색이 귀신을 쫓으므로 이를 먹으면서 한 해를 무사히 보내고자 하였다.

오곡밥

삼계탕

송편

팥죽

약식

신라시대 소지왕이 역모로부터 자신의 목숨을 살려 준 까마귀에게 고맙다는 뜻으로 매년 1월 15일에 까마귀가 좋아하는 대추를 약식으로 만들어 제물로 바쳤다고 한다. 이후 사람들이 이를 본떠서 밤과 잣, 대추를 넣고 까마귀 털 색깔처럼 검게 물들인 약식을 만들어 먹었다고 한다.

건강 디저트, 한과 및 음청류

한국 전통 과자, 과줄

지금은 과자라고 하면 흔히 스낵이나 크래커, 쿠키, 파이 등을 떠올린다. 하지만 우리에게도 '과줄'이라고 부르는 전통 과자가 있다. 과줄은 좁게는 유밀과를 뜻하지만, 넓게는 정과, 다식, 숙실과, 과편, 엿강정 등을 통틀어 우리 전통 과자를 뜻하는 말로 쓰인다.

최근에는 '한과(韓菓)'로도 많이 쓰이는데 한과는 잘 상하지 않고, 영양가가 풍부하며, 모양이 아름답고 색이 고운 특징이 있다.

과줄은 곡물 가루로 과일을 본떠서 만들었다고 전해진다. 그래서 지을 '조'와 실과 '과'를 써서 '조과(造菓)'라고도 하였다. 조과는 고려시대 전부터 만들어졌으리라 추측하는데 고려시대로 오면서 불교의 영향으로 육식이 절제되고 차 문화가 발달하면서 조과류 또한 급속도로 발전한다. 조선시대에도 과줄은 의례상차림에 꼭 올라야 하는 필수 음식 중 하나였다. 하지만 1900년대에 이르러 설탕의 수입과 함께 양과자에 밀려 쇠퇴하기 시작하였다. 현대에는 명절에 주로 찾는 음식이 되었지만 최근 들어 곡물, 꿀, 깨, 잣, 호두 등 천연 재료를 사용하여 하나하나 정성으로 만드는 한과가 새롭게 인식되고 있다.

잊혀져 가는 우리 음청류 문화

우리 민족은 물을 사랑한 민족이다. 그래서인지 과거부터 다양한 차 문화를 이루어 왔다. 당나라를 통해 유입된 차는 고려시대에 융성한 불교의 영향으로 음다 문화의 절정을 이루었다. 그러나 이러한 음다 풍습은 조선시대에 불교가 배척되면서 사라지게 되었다. 작설이나 다른 잎을 쪄서 건조한 차나 인삼으로 끓인 차는 상류층에서 주로 애

용되었으며 일반인들은 숭늉과 물을 주로 마셨다.

조선시대에는 차가 쇠퇴한 대신 다른 음청류가 발달하였다. 한국의 대표적인 음청류에는 오미자 국물을 부어 만든 화채(진달래 화채, 배 화채, 복숭아 화채, 창면)와 과즙을 이용한 화채(산딸기 화채, 앵두 화채), 꿀물을 넣어 만든 화채(배숙, 유자 화채, 원소병, 떡수단, 보리수단), 그리고 식혜와 수정과, 유자차, 인삼차, 쌍화차 등이 있다.

창면

배숙

보리수단

유자차

지금 한식은?

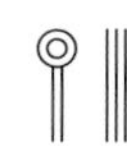

한류와 한식, 케이푸드

한국국제문화교류진흥원의 2019년 조사에 의하면 한국 하면 떠오르는 이미지는 역시 케이팝(K-pop)이었다. 한류의 중심에 있는 케이팝은 전 세계에 한국을 널리 알리고 있다. 케이팝 다음이 바로 한식(12.2퍼센트)[6]인데, 이는 오래전부터 한국을 알리는 한류의 바람 속에 한식이 있었기 때문이다.

원래 '한류(韓流)'란 한국 가수들의 노래, 드라마, 영화 등 한국 대중문화가 중국, 대만, 일본 등 동아시아 국가에서의 유행과 열기를 지칭하는 신조어에서 출발하였다. 중국에서 한류가 본격적으로 몰아친 것은 1998년 2인조 남성 댄스 그룹 클론이 대만에 상륙하면서부터이

---

6 한국국제문화교류진흥원, 2020 해외한류실태조사, 2020

다. 그 이후 1~2년 만에 한류는 중국 본토와 홍콩은 물론 베트남 등 중화 상권이 미치는 동남아시아까지 확산되었다. 이제 한류의 물결은 연예인 몇 명의 유명세를 넘어서 가요, 음반은 물론이고 드라마, 영화, 게임 심지어 음식과 옷, 헤어스타일에 이르기까지 범위가 커졌다.

이러한 한류 문화의 중심에 드라마 〈대장금〉이 있었다. 〈대장금〉은 한국 음식, 특히 궁중 음식을 다룸으로써 상대적으로 중국 음식에 비교해 열세에 있던 한국 음식을 단번에 유행시켰고 이는 전 세계적으로 한국 요리 붐을 일으키는 계기로 작용하였다.

조선시대 왕실의 요리사

조선시대 궁에서는 누가 요리를 맡아 했을까? 궁중의 잔치인 진연이나 진찬 때는 대령숙수라 불리던 남자 전문 요리사들이 음식을 만들었다. 솜씨가 좋은 숙수들은 대부분 대를 이어 가며 궁에 머물렀고 왕의 총애도 받았다.

내시부는 음식을 직접 만드는 일보다는 전체를 주관하고 대접하는 일을 주로 맡았다. 음식 관련 업무를 맡은 내시는 상선, 상온, 상차가 있다. 상선은 종2품 벼슬로 식사에 관한 일을 맡으며 정원이 두 명이었고, 상온은 정3품 벼슬로 술에 관한 일을 맡으며 정원은 한 명이었으며, 상차는 정3품으로 차에 관한 일을 맡으며 정원은 한 명이었다.

지금도 한류의 바람은 여전하다. BTS(방탄소년단)가 한국의 음악과 문화를 알리며 돌풍을 일으키고 있고, 봉준호 감독의 영화 〈기생충〉도 세계 문화의 중심에 우뚝 섰으며, 드라마 〈킹덤〉도 넷플릭스를 통해 전 세계인들을 만나고 있다.

한식도 마찬가지로 전 세계적으로 주목받는 음식이 되었다. 케이팝에 이어 케이푸드(K-food)로 자리 잡아 가고 있다. 뉴욕 한식당이 첫 미슐랭 별을 받은 이후 한국에서도 한식당들이 계속해서 높은 평가를 받고 있다. 한식은 이제 세계인들이 맛보고 싶어 하는 음식이 되었다. 미슐랭 수준의 고급 한식뿐만 아니라 떡볶이, 튀김, 씨앗 호떡 등 길거리 음식도 호평을 받고 있다. 최근에는 한국의 고추장을 소스로 하는 독특한 매운맛이 세계인들의 스트레스를 푸는 새로운 맛으로 떠오르기도 했다.

떡볶이

불닭볶음면

미디어 속 한식

최근 방송과 언론, SNS 등에서 한식을 소재로 한 프로그램들이 많이 방영되고 있다. 맛있는 음식을 소개하는 프로그램, 음식을 소재로 경

채끝 짜파구리

합을 벌이는 프로그램, 주한 외국인들의 한식 만들기 대회, 한국 전통 음식을 소개하는 다큐멘터리, 한식을 소재로 한 드라마와 영화 등 미디어 속의 한식은 전성기라고 볼 수 있다.

최근 〈기생충〉이 칸영화제 황금종려상을 비롯해 전 세계적으로 각종 상을 수상하면서 영화 속 '채끝 짜파구리'라는 음식이 뜨거운 관심을 받으며 유명해졌다. 전 세계인들이 직접 응용한 여러 짜파구리를 만들어 각종 SNS에 올리고 다른 한국 음식도 함께 소개하는 등 한국 라면과 더불어 한국 음식까지 주목을 받았다.

사실 그 이전부터 영화 속에 한국 음식이 나왔고, 이는 한국을 넘어 세계인들에게 한식을 알리는 계기로 작용하였다. 박찬욱 감독의 영화 〈올드보이〉 속 산낙지를 먹는 장면 덕분에 한국을 방문하는 외국인들이 수산시장을 찾는 횟수가 많아졌고, 영화 〈아가씨〉 속 귀화 일본인 백작이 즐기는 평양냉면도 중요한 의미를 지닌 것으로 등장하여 외국인들의 관심을 끌었다.

미디어 속 한식이 화려하게 등장하기 시작한 것은 대략 2000년대 초부터이다. 드라마 〈대장금〉을 통해 다채로운 궁중 음식이 소개되면서 국내외 대중이 한식에 관심을 갖기 시작한 것으로 보인다. 〈대장금〉은 외국인들에게 한식에 대한 호기심을 자아내며 아시아 전역, 아랍 국가들까지 드라마를 넘어 한식 열풍을 불러일으킨 시발점이 되었다. 이어 영화 〈식객〉 속에 등장하는 여러 가지 음식과 그 음식에 얽힌 이야기들은 세계인의 흥미를 끌었다. 〈식객〉에서는 성찬과 봉주의 조류, 육류, 어류 같은 음식 재료의 요리 대결이 볼만하였고, '김치 전쟁'에서는 온갖 종류의 김치가 다 나와 김치의 다양성을 보여 주기도 했다.

그 바통을 이어받아 한식 한류 붐을 일으킨 드라마는 아마도 〈별에서 온 그대〉일 것이다. 여주인공이 "눈 오는 날엔 치맥인데."라는 대사와 함께 치킨과 맥주를 먹는 모습이

방영되면서 중국에서는 치맥 열풍이 불었고, 덩달아 국내 치킨 프랜차이즈들의 해외 진출이 활발해졌다. 궁중 음식과 같은 특별한 한식을 넘어 일상 속 한식의 다양한 모습이 이렇게 드라마의 열풍과 함께 해외에서 주목받고 있다.

이제 한식은 단순한 음식을 넘어 문화 콘텐츠라는 사실을 다양한 미디어 속 한식이 증명하고 있다. 앞으로 드라마나 영화를 통해 한식을 소개하고 알리는 것뿐만 아니라 더욱 다양한 문화 콘텐츠를 활용해서 세계와 가까워지는 것도 중요할 것이다.

한식인 듯 아닌 듯, 길거리 음식

길거리 음식은 말 그대로 길에서 조리되고 판매되는 즉석에서 먹을 수 있는 식음료를 말한다. 해외에 머물면서 잘 차려진 식당 음식 외에 길거리 음식에서 그 나라의 음식 문화를 느낀 경험이 있을 것이다. 태국의 카오산 로드, 대만 타이페이의 유명한 야시장, 중국 북경의 왕푸친 거리, 미국 대도시에서 만나는 푸드 트럭, 유럽의 벼룩시장이나 팜마켓에서 만든 음식들이 좋은 예이다.

우리나라는 해방 이후 길거리에서 빈대떡, 김밥, 떡, 소주, 청주, 감주 등을 팔았으며, 그중 빈대떡이 가장 흔한 길거리 음식이었다. 해방 직후 청계천 주변에서는 시루떡, 곰탕, 설렁탕 좌판도 볼 수 있었다고 하니 길거리 음식도 변화해 온 것을 알 수 있다.

우리나라 길거리 음식은 해외 음식과 국내 음식 두 가지로 나뉜다. 김밥이나 떡볶이, 호떡과 같은 분식, 군고구마, 붕어빵, 오징어구이, 옥수수 등 우리 고유의 색이 묻어나는 음식과 케밥, 타코야끼, 와플 등 해외에서 유래된 음식이 있다.

닭꼬치

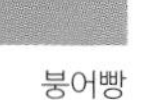

붕어빵

와플

타코야끼

빈대떡

빈대떡은 병자병이 세월이 흐르는 동안 빈자떡이 되고 다시 빈대떡으로 불리게 된 것으로 추정한다. 빈대떡의 유래로는 원래 제사상이나 교자상에 기름에 지진 고기를 높이 쌓을 때 제기의 밑받침용으로 썼는데 크기도 작았다고 한다. 그 뒤 가난한 사람들이 먹는 음식으로 바뀌면서 이름은 빈자떡으로 바뀌고 크기도 커졌다는 설이 있다. 또한 서울 정동에 빈대가 많아 빈대골이라 했는데, 이곳에 빈자떡 장수가 많아 빈대떡이 되었다는 설도 있다.

한국에서 길거리 음식은 동네나 거리 곳곳에서 찾아볼 수 있다. 서울의 신촌이나 이대, 홍대 쪽은 김밥류의 분식과 초밥, 타코야끼, 케밥, 소시지와 감자 등 젊은 층을 타깃으로 하는 메뉴가 많은 편이고, 인사동 쪽은 전통문화의 거리답게 타래엿, 호떡, 호박엿 등 전통적인 먹거리 위주의 음식들이 많다. 각종 학원과 고시생들이 모여 있는 노량진에는 간단하면서도 배부르게 먹을 수 있는 컵밥, 토스트, 햄버거, 샌드위치 등 식사 대용의 메뉴들을 많이 볼 수 있다.

먹방과 쿡방

먹방 문화는 현재 한국의 가장 드라마틱한 현상이다. '먹는 방송'의 줄임말인 먹방은 실시간 인터넷 방송인 '아프리카TV'에서 유래하였다. 먹방의 구조는 단순하다. BJ(아프리카TV 방송 진행자)들이 카메라 앞에 음식을 늘어놓고 그냥 맛있게 먹으면서 시청자와 채팅을 즐기는 것이다. 인기를 끄는 대부분의 먹방은 진행자가 특유의 끼와 재치가 가득한 입담으로 시청자의 시선을 사로잡는다. 화면에 등장하는 음식은 우리 주변에서 흔히 구할 수 있는 것부터 쉽게 접할 수 없는 고급 요리까지 다양하다. 실제 먹는 행위는 원초적인 행위로 남에게 그다지 보여 주고 싶은 모습은 아니지만 먹방은 이제 상업화되어 많

은 사람의 욕구를 대리 충족하는 역할을 한다.

반면 쿡방은 먹는 행위보다 요리하는 행위에 초점을 맞춘다. 유명한 셰프나 연예인들이 누구나 쉽게 구할 수 있는 재료로 요리를 만들어 선보이는 방송 프로그램이 좋은 반응을 얻으면서 〈냉장고를 부탁해〉에서는 아예 유명인이 집에서 실제 사용하는 냉장고를 스튜디오로 가져와 셰프가 냉장고 안의 재료로 요리를 하기도 한다.

쿡방에 출연하는 젊은 셰프들이 현란한 솜씨를 발휘해 평범한 재료에서 멋진 요리를 만들어 내는 것을 보면 한 편의 멋진 쇼를 보는 듯하다. 그러다 보니 젊은 셰프들이 아이돌 못지않은 인기를 누리기도 한다. 최근에는 '요리 잘하는 남자가 섹시하다'는 의미의 '요섹남'이 신조어로 등장하였다.

먹방과 쿡방이 인기를 얻는 이유는 비만이 증가하고 외모가 중시되는 요즘 시대에 다이어트 하느라 음식을 마음대로 즐기지 못하는 사람들에게 대리 만족을 주기 때문으로 보인다.

혼밥, 혼술 전성시대

혼밥은 혼자 먹는 밥을 일컫는데, 이제 한국 사회에서 일반적인 현상으로 자리 잡아 가고 있다. 이는 사회역사적인 변화들과 밀접하게 관련되며, 문화적 개인주의, 구조적 개인화, 일상생활의 민주화, 1인 가구의 등장 등과 무관하지 않다. 혼자 밥 먹고, 영화 보고, 여행을 다니는 이른바 '혼족'이 느는 이유로 1인 가구 증대가 한몫하였다. 이미 한국 사회는 출산율 저하와 맞벌이 부부의 증가로 전통적 의미의 가족이 해체되었고, 학업이나 취업을 위해 홀로 사는 경우도 많다. 통계청은 2019년 기준 1인 가구가 서울에만 130만, 전국적으로 600만에 달하

는 것으로 추정하였다. 2022년에는 현재보다 약 30퍼센트 증가할 것으로 내다보았다.

최근 온라인에서는 혼밥 레벨 분류표가 네티즌들에게 큰 호응을 얻었다. 이는 혼밥을 어디까지 경험했는지 확인해 볼 수 있는 일종의 자가 혼밥 진단표이다. 1단계 편의점에서 혼자 밥 먹기부터, 2단계 학생 식당, 3단계 패스트푸드점, 8단계 고깃집 및 횟집, 9단계 술집에서 혼술 등 단계가 높아질수록 난이도가 올라가 혼밥의 경지를 보여 준다고 한다. 바야흐로 혼밥, 혼족, 혼술 전성시대라 부를 만하다.

편의점 음식

앞으로 고령화가 심해지면서 혼밥은 더욱 일반적인 사회 현상으로 자리 잡을 것으로 보인다. 이렇듯 한국 사회의 먹거리 문화는 계속 변화하고 있다. 어찌 보면 전통적인 한식으로부터 점점 더 멀어진다고도 할 수 있다. 앞으로 음식 문화의 변화에 따른 한식의 지속 가능성에 대해서도 생각해 보아야 할 것이다.

세계 속의 한식

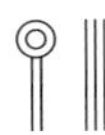

한·중·일 식문화 비교[7]

한국, 중국, 일본은 가깝고도 먼 나라이다. 세 나라는 비슷한 음식 문화를 공유하고 있으면서도 또 각기 독특한 차이가 있다. 한국과 중국과 일본의 음식 문화, 어떻게 같으면서도 다를까?

먼저 각 나라의 음식 문화를 대표한다고 할 수 있는 궁중 음식에서의 차이를 보자. 한국 궁중에서는 모든 음식을 격식과 법도를 중시하여 차린 것이 특징이다. 수라상은 12첩, 사대부는 9첩, 일반 양반은 7첩 반상으로 차렸는데 아무리 부유하더라도 임금의 수라상과 같은 12첩 반상은 차릴 수 없었다. 일본은 12세기 말 무사 정권이 들어서면서 천황은 상징적인 존재가 되고 막부의 우두머리인 쇼군이 실질적

7 김경은, 『한중일 밥상문화』, 이가서, 2012

한국 상차림

일본 상차림

중국 상차림

인 통치권을 가졌다. 무사 정권은 검소한 것을 중시하는 금욕주의에 충실했고 이는 요리에도 반영되어 막부의 향연 요리는 미식을 추구하지 않았다. 쇼군의 아침상에 오르는 음식이 밥과 국, 채소 두 가지, 생선조림, 보리멸구이 등이 전부였다고 한다. 한편 중국의 황제는 네 끼 식사를 했는데 한 번에 60여 가지 반찬과 국이 나왔다고 한다. 식도락으로 유명한 청 왕조 건륭제의 경우 주식 47종, 부식 47종, 요리 59종, 탕 7종 등 약 160여 가지 음식이 한 상에 나왔다.

세 나라는 상차림이나 식기에서도 차이를 보인다. 우리나라에서는 반찬을 제외한 국과 밥을 개인별로 차리는 반면, 중국은 원형 회전 탁자에 한 가지 음식이 각각 담긴 접시를 올려놓고 돌리면서 개인 접시에 덜어 먹는다. 일본은 철저히 개인 상을 사용하는데 식탁과 쟁반, 식기의 조화를 고려하여 담아낸다.

세 나라 모두 젓가락을 사용하나 재료와 형태가 다르다. 중국의 젓가락은 원형 탁자 위 음식을 집을 수 있도록 길이가 길고, 기름지고 뜨거운 음식이 많아 음식을 잘 잡을 수 있도록 끝이 뭉툭하며, 열전도율이 낮은 나무나 플라스틱을 사용한다. 일본 젓가락은 주로 나무 재질이며 그릇을 들고 먹으므로 젓가락이 짧고, 생선류의 음식이 많아 생선을 발라 먹기 좋게 끝이 뾰족하다. 한국 젓가락은 중국과 일본 젓가락 길이의 중간 정도이다. 나물이나 김치 등을 집기 쉽도록 가늘고 납작하며, 발효된 장이나 젓갈류 등이 스며들지 않도록 스테인리스로 만든 젓가락을 주로 사용한다.

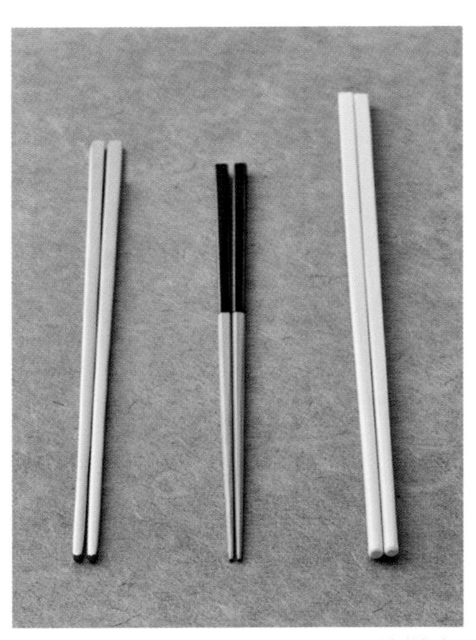

젓가락 비교

일본과 중국에서는 그릇을 들어 젓가락으로 음식을 밀어 넣어 먹는데, 한국에서는 그릇을 들고 먹는 것은 예의에 어긋나며 국과 밥을 먹을 때는 숟가락을 사용한다.

세 나라는 음식 기호도에서도 차이를 보인다. 한국은 비빔밥과 같은 섞음 음식을 좋아하는 반면 일본은 덮밥류가 많고 중국은 볶음밥을 선호한다. 한국인은 특히 국을 좋아해 식사에서 빠질 수 없는 밥의 동반자이다. 일본에서 국은 에피타이저식으로 메인 음식 전에 먹는 개념이고, 중국은 서양의 수프와 비슷한 형태로 식후 요리 개념으로 먹는다.

비빔밥

볶음밥

덮밥

구분	한국	중국	일본
궁중 음식	12첩 반상차림	네 끼 식사, 60여 가지 반찬과 국	금욕주의로 소박한 상차림
상차림	밥과 국은 개인별로 반찬은 함께 먹도록 차림	원형 회전 탁자에 음식을 올려놓고 개인 접시에 덜어 먹음	개인 상 사용
젓가락 형태	스테인리스 재질의 가늘고 납작한 형태	나무나 플라스틱 재질의 길고 끝이 뭉툭한 형태	나무 재질의 짧고 끝이 뾰족한 형태
선호하는 음식 형태	비빔밥	볶음밥	덮밥

나라별 선호하는 한식

한식은 외국인들이 선호하는 음식의 하나로, 세계적인 식문화를 이끄는 트렌드로 자리 잡아 가고 있다. 전 세계 각국에서 한식의 인지도가 높아지며 현지인들의 한식 소비도 높아지고 있다. 과거 외국인들을 대상으로 한 조사에서는 불고기, 비빔밥, 김치 등 잘 알려진 한식이 순위에 올랐다. 하지만 최근 들어 국가별로 이러한 선호 한식이 조금씩 변화하고 있다.

이를 보여 주는 가장 최근 자료는 한식진흥원의 2019년도 조사이다.[8] 이는 해외 주요 16개 도시에 거주 중인 20~59세 현지인(재외동포 및 한인 제외) 총 8,000명(각 도시별 500명)을 대상으로 한식 관련 인식 및 소비 실태, 한식당 이용 행태, 일반 외식 소비 행태 등을 조사한 것이다. 이 결과에 따르면 한식 인지도는 54.6퍼센트, 만족도는

8 농림축산식품부, 한식진흥원, 2019 해외 한식 소비자 조사, 2019

93.2퍼센트, 취식 경험은 76.9퍼센트인데 자주 취식하는 메뉴는 비빔밥, 치킨, 불고기의 순이었다. 아직도 한식 인지도에서는 차이를 보였는데 근접한 아시아 지역에서 인지도가 높게 나타났으며, 이에 비해 거리가 먼 북중미·유럽·남미 등지에서는 상대적으로 인지도가 낮은 편이었다.

한식 취식 경험자가 가장 자주 먹는 한식 메뉴는 '비빔밥'(35.3퍼센트), '치킨'(26.5퍼센트), '불고기'(25.9퍼센트), '냉면'(18.2퍼센트) 그리고 잡채, 전골, 김치찌개, 삼겹살, 갈비, 떡볶이 등의 순으로 나타났다. 미국을 포함한 북중미에서는 비빔밥, 치킨, 불고기, 갈비 순으로 역시 고기에 대한 높은 선호를 드러내었고, 유럽에서는 비빔밥, 치킨, 불고기, 잡채에 대한 선호가 높았다. 중국은 특별히 삼겹살을 좋아한다고 답하였으며 치킨과 떡볶이를 선호하였는데 이는 〈별에서 온 그대〉 등 한국 드라마와 한류 열풍 덕분으로 보인다. 동남아시아에서는 전골, 김치찌개 그리고 떡볶이도 자주 먹는다고 대답하였다.

이 연구에서 중요한 부분 중의 하나는 제안 사항으로 해외에서 한식의 위상을 보다 높이기 위해서는 무엇보다 한국에 대한 친숙함을 높이는 정책이 필요하다는 것이다. 현지 음식 재료를 활용한 한식 메뉴 개발, 케이팝 등 한국 문화와 연계한 체험 프로그램도 효과가 있을 것으로 보았다. 단편적인 서비스 개선을 목표로 삼기보다는 기존의 한식당 경쟁력 강화 사업들과 더불어 전문 컨설팅 지원을 확대함으로써 현지인들의 기대 가치를 충족시키기 위한 지속적인 노력이 필요할 것이다.

삼겹살

돼지고기의 비계를 가장 맛있는 살코기로 둔갑시킨 것은 예로부터 장사 수완이 좋기로 유명한 개성 사람들이었다. 개량 돼지를 만들면서 돼지를 키우는 동안 섬유질이 많은 조를 사료로 주다가 돼지가 어느 정도 자라면 섬유질이 적은 농후사료(곡류, 쌀겨류, 깻묵류)로 바꿔 먹이는 방법으로 비계가 살 사이에 겹겹이 얇게 들어 있는 삼겹살을 만들어 냈다고 한다.

무슬림을 위한 한식

한식 세계화를 위해 우리가 더욱 신경 써야 할 부분 중 하나가 바로 무슬림을 대상으로 한 한식의 전파이다. 무슬림 인구 증가율은 18.7퍼센트로 전 세계 평균 인구 증가율(4.3퍼센트)의 네 배가 넘고, 식품 시장 성장률도 11.9퍼센트로 전 세계 평균인 3.2퍼센트보다 월등히 높았다.[9] 농림축산식품부에 따르면 2019년에는 전 세계 11조 9000억 달러 규모에 달하는 식품 시장에서 무슬림 시장은 21퍼센트를 차지했다고 한다. 특히 케이팝과 드라마의 인기가 높은 아시아권은 무슬림 시장의 63퍼센트를 차지한다.

할랄은 이슬람 율법 샤리아에 따라 '허용되는 것' 또는 '합법적인 것'을 의미하며, 이의 반대 개념인 하람은 '금지되는 것' 또는 '불법적인 것'을 뜻한다. 돼지고기 및 그와 관련된 식품과 부산물, 주류 및 알코올이 함유된 식품 등은 하람으로 분류되어 먹을 수 없으며, 하람 음식이 제조된 시설에서 조리된 음식도 먹어서는 안 된다. 그 외의 음식

9 톰슨로이터, 「이슬람경제현황보고서」, 2018

들도 이슬람 율법에 따른 방식으로 도살되고 가공된 것이어야 섭취 가능하다.[10]

할랄 인증은 이슬람 율법에 따라 도살 및 가공된 식품에 부여되는 것으로 한국 식품을 수출하는 데에도 매우 중요하다. 무슬림들이 한국산 수입 식품을 안심하고 먹을 수 있도록 할랄 인증을 받는 것이다. 한국의 '불닭볶음면'이 할랄 인증을 받은 이듬해인 2016년 삼양라면의 말레이시아 매출이 다섯 배 넘게 뛰기도 했다.

할랄 인증서를 발급하는 세계 3대 기관은 말레이시아 이슬람개발부(JAKIM), 인도네시아 할랄인증기관(MUI), 싱가포르 인증기관(MUIS)이다. 현장 심사는 원재료부터 공장 시설까지 샅샅이 살피는데 그 과정이 매우 까다롭고 어렵다고 한다. 그렇기에 할랄 인증 제품이 위생적이고 품질이 뛰어난 것으로 인식되기도 한다.

이렇게 할랄 인증이 비무슬림들에게는 '신뢰할 만한 안전 식품' 마크가 될 수 있어 실제 소비층은 더 확대될 수 있다. 이에 식품업체들은 한국의 맛을 살린 할랄 제품들을 선보이고 있다. 예를 들어 신세계푸드는 말레이시아 식품 회사 마미와 손잡고 김치맛과 양념치킨맛 라면 2종을 출시하여 큰 인기를 끌었다. CJ제일제당은 할랄 인증 제품을 말레이시아와 싱가포르에 수출하고 있고, 향후 중동으로 수출 시장을 확대한다는 계획이다.[11]

한국 식품업계는 세계 식품 시장에서 중요한 위치를 점하는 무슬림들을 위한 한식 개발에 노력을 기울이고 있다. 앞으로 식품업계뿐

---

10 한식재단, 『할랄 레스토랑 인증 가이드북』, 2016

11 최민영, 「할랄푸드 깐깐한 인증 넘고 넘어…무슬림 밥상 한식 바람 분다」, 경향신문, 2018

만 아니라 일반 대중들의 무슬림과 할랄 음식에 대한 인식이 제고된다면 무슬림에게 한식을 알리고 선보일 기회가 더 늘어날 것이다.

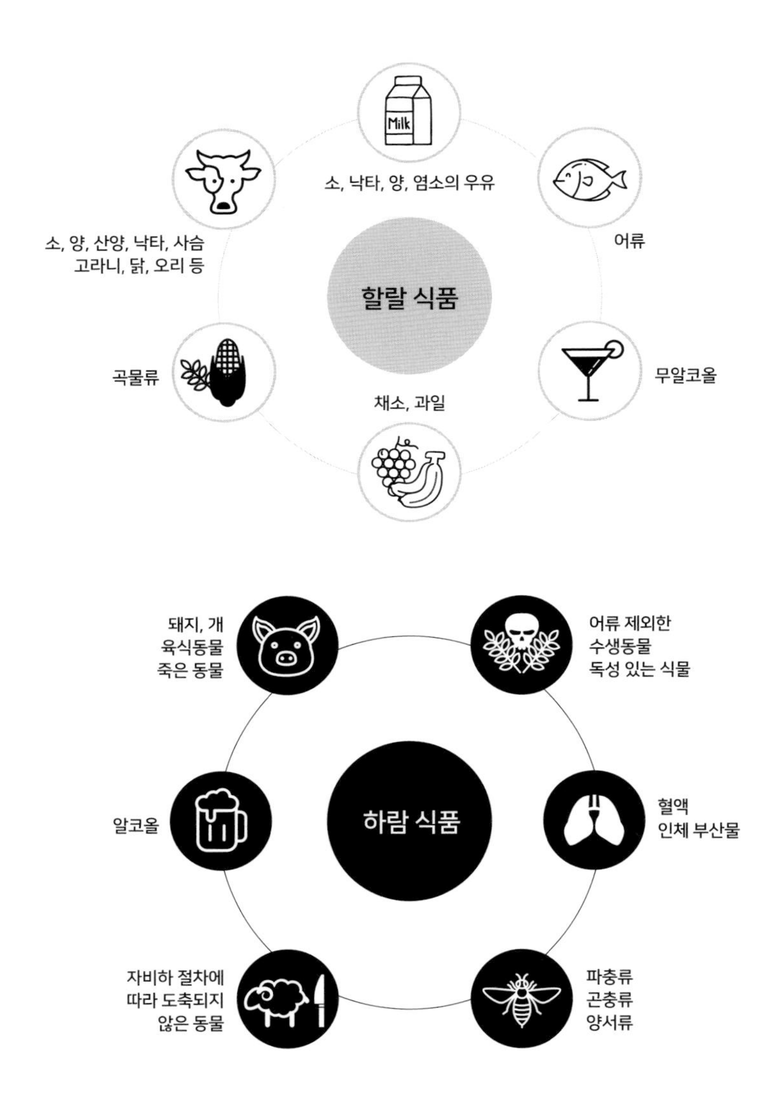

풍류의 음식

설야멱적, 눈 오는 밤에 찾는 고기구이

우리의 고기 요리법은 풍류와 어우러져 발달하였다. 『해동죽지』라는 책에 "설야멱은 개성 지방에 예부터 내려오는 명물로써 만드는 법은 쇠갈비나 염통을 기름과 훈채로 조미하여 굽다가 반쯤 익으면 냉수에 잠깐 담갔다가 센 불에 다시 구워 익히면 고기가 연하고 맛이 좋아 눈 오는 겨울밤의 술안주로 좋다."고 하였다. 눈 오는 밤에 찾는 고기 요리라는 뜻의 설야멱은 이름도 아름답다. 특히 고기는 숯불에 쬐어 구워 먹어야 제맛이 나는데 우리 민족은 밥을 지을 때 불이 매우 중요한 것처럼 고기도 불을 이용해서 구워 먹는 것이 가장 맛있다는 것을 알고 있었다. 또한 같은 음식이라도 분위기에 따라 다른 맛을 낸다는 사실도 알고 있던 풍류가 있는 민족이다.

성협 〈야연〉 (국립중앙박물관 소장품)

진달래 화전

우리나라에는 예부터 화창한 삼짇날에 경치 좋은 산과 들에 음식을 해 가서 노는 화류놀이 풍속이 있었다. 유생들끼리, 농부들끼리, 부녀자들끼리 경치 좋은 곳을 찾아 꽃놀이를 갔다. 여자들은 산이나 들로 가서 만개한 진달래 꽃잎을 따서 진달래 화전을 부쳐 먹고, 쑥을 캐다가 쑥떡을 하고, 온갖 나물을 캐어 무쳐 먹었다. 화전은 찹쌀가루를 반죽하여 소를 넣지 않고 기름에 동그랗게 지진 것 위에 진달래 꽃잎을 얹어서 진달래꽃의 색이 살아 있도록 한 후 꿀이나 조청을 발라 먹는 음식이다. 계절별로 풍류를 즐길 줄 아는 민족이었기 때문에 가능한 음식이었다.

3부 알고 싶은 한국 술

한국 술의 기원과 한국인의 양조 철학

한국 술은 소통과 조화, 나눔과 배려의 의미를 담고 있다. 이는 술이 신과 소통하기 위한 제물로 사용된 것을 시작으로, 부모와 노인 봉양을 위한 반주, 빈객을 위한 접대주, 농사일에 갈증을 씻고 힘을 얻기 위한 수단으로 이용되어 온 것을 보면 알 수 있다.

술의 어원은 '물'과 '불'의 합성어에서 찾는다. 술이 생성되는 과정에서 열을 가하지 않았음에도 쌀과 누룩, 물이 섞여 따뜻해지면서 이산화탄소가 발생하는데, 이와 같은 현상을 보고 '난데없이 물에서 불이 난다'는 생각에 '수불'이라 하다, '수을'이 되고, 이는 다시 '술'이 되었다는 것이다.

예전 사람들은 쌀 등의 원료에는 없었던 신비한 향기와 함께 알코올이 생성되고, 마시고 나면 정신이 야릇해지고 몽롱한 상태가 되는, 이른바 취하는 현상에 대해 두려움과 함께 호기심이 생겼을 것이다.

자연에 존재하는 뭔가가 있어 이러한 현상을 주관하고 인간의 길흉화복을 예측할 것이라는 막연한 상상과 함께 경외스러운 마음을 갖게 되었다. 그래서 사람들은 이 신비로운 물질의 귀한 음식을 조상신과 천지신명께 바치고, 그 보살핌으로 자손과 가족이 평안하고 풍요롭게 살 수 있기를 기원하였다.

술의 형태는 분명 액체이지만 술 속에는 순수한 물의 성질인 차고 가라앉히는 성질과 이와는 다른 따뜻하고 불처럼 일어나는 동적인 불의 성질이 공존한다고 여겼다. 이는 동양철학의 기본인 음양사상과도 맞닿아 있다. 술의 80퍼센트 이상은 물로 음의 성질을 지녔고, 나머지 20퍼센트에 못 미치는 알코올은 불의 기질인 양의 성질을 지녔으니, 이는 음과 양의 환상적인 융합이며 이를 마심으로써 소통과 조화를 이루는 보다 인간적인 삶을 누릴 수 있게 된다고 믿었다.

이렇듯 술에 녹아 든 한국인의 철학은 술을 단순히 마시고 취하기 위한 음식이나 수단으로만 인식하지 않았다는 사실을 보여 준다. 술은 빚는 사람의 마음 자세에서 출발하여 마시고 대접하는 모든 행위와 절차, 그리고 마신 후의 행동거지에 이르기까지 예의를 바탕에 깔고 있다.

한국 술의 역사와 종류

한국 술의 역사와 시대별 발달 과정

우리나라 술의 역사는 정확하게 추정하기 어렵지만 술은 민족 형성과 더불어 자연발생적으로 만들어졌을 것이라는 견해가 지배적이다. 당분이 많은 과일이나 곡류에 야생의 곰팡이와 효모가 생육하여 알코올이 생성되고 이를 맛본 사람들이 이후 누룩을 이용해 직접 술을 빚어 마시게 되었다는 것이다.

우리나라 역사에 최초로 술이 기록된 것은 『고삼국사기』 중 「고구려 건국담」이다. 기록을 보면 “하늘의 신인 천제의 아들 해모수가 물의 신인 하백의 세 딸을 초청하여 술을 접대하고, 취하여 돌아가려는 큰 딸 유화를 유혹하여 같이 잠을 자게 되었으며, 후일 고구려의 시조가 되는 동명성왕 주몽을 낳았다.”고 하여 술이 처음 등장한다.

이때 해모수가 준비한 술의 종류나 형태, 만드는 법에 대한 기록이 없어 자세히 알 수는 없지만, 당시 술의 제조 기술은 상당히 발달하였던 것으로 보인다. 고구려 건국 초기(서기 28년)에 "지주(맛있는 술)를 빚어 한나라의 요동 태수를 물리쳤다."는 기록과, 중국인들 사이에 "고구려는 '자희선장양(술빚기를 즐긴다)' 하는 나라"라고 하여 발효음식을 즐기는 민족으로 주목을 받았으며, "고구려 여인이 빚은 '곡아주'가 강소성 일대에서 명주로 알려졌다."는 기록도 있다. 또한 일본의 최고 기록인 『고사기』에 의하면, "백제 사람 인번이 누룩을 이용한 술 빚는 기술을 전해 와, 천황이 이 술을 마시고 덩실덩실 춤을 추었으며, 인번을 '주신'으로 모셨다."고 하였다. 이때 양조법은 쌀로 빚은 것으로 여겨지며, 아울러 백제의 양조 기술이 일본에 처음으로 전해졌음을 알 수 있다.

고려 말엽에 원나라로부터 증류법이 도입되어 양조 기술의 발달이 가속화되고 술의 종류 또한 다양해졌다. 이때 양조업은 인력과 재력이 집중되었던 사원(寺院)을 중심으로 경영되었는데, 기록에 "현종 18년에는 밀주에 소요된 미곡이 360여 석이었다."고 하니, 사원의 양조 규모가 엄청났음을 짐작할 수 있다.

김홍도 〈주막〉 (국립중앙박물관 소장품)

신윤복 〈주사거배〉 (국립중앙박물관 소장품)

또한 나라에서 상업의 진흥과 화폐 유통 촉진을 위해 공설 주점과 숙박 시설인 원(院)을 세우고, 무역이 활발해짐에 따라 양조업 또한 성행하게 되었다. 고려시대의 술은 크게 청주, 탁주, 소주, 과실주로 분류되는데, 생약재를 가미한 약용약주, 꽃의 향을 가미한 가향주 등을 개발함으로써 술의 종류가 다양해지고 제조 기술 또한 발전하였다.

조선 전기에는 멥쌀보다 찹쌀 위주로 술을 빚었고, 양조 기법도 단양법에서 중양법으로 전환된다. 단양법은 누룩과 물, 고두밥(지에밥, 술밥)을 단번에 넣고 발효시키는 방법이고, 중양법은 밑술을 만들고 양조 원료를 나누어 여러 차례 덧술하는 방법이다.

고려 말엽에 정착된 증류주들은 조선시대에 들어와 급속히 널리 퍼지게 되고, 일본, 중국 등으로 수출 또한 빈번해졌다.

조선 후기에는 지방색을 띤 다양한 고급 양조 주류가 등장하였다. 집안마다 전해 내려오는 독특한 비법으로 빚어진 명주들이 속속 등장하면서, 전통주의 전성기를 이루었다. 예부터 우리 조상들은 제사를 모시거나 경조사가 있을 때 집에서 직접 술을 빚어 사용하였다. 지방마다 집집마다 독특한 재료를 써서 누룩을 만들고, 꽃이나 열매, 약초 등 각 지역에서 나는 각양각색의 재료로 술을 빚으니 자연스레 다양한 가양주가 발달하게 되었다. 이 시기의 양조 기술 가운데 빼놓을 수 없는 것이 '혼양주법'이

『음식디미방』

다. 혼양주법은 술을 빚는 과정 중에 증류주인 소주를 넣어 알코올 도수를 높여 저장성을 향상시킨 방법이다. 이 기술이 1500년대 후기의 『언서주찬방』과 1670년경의 『음식디미방』에 수록되어 있는 것을 볼 때 세계에서 가장 오래된 양조 기술로 여겨진다.

1905년 일제는 을사조약을 강제로 체결하고, 우리 민족문화 말살 작업을 본격화하였다. 전통주도 그 대상이었다. 일제는 1909년 '주세법'을 제정하고, 1916년 강화된 주세령을 공포하여 그나마 남아 있던 한국 가양주와 그 문화는 단절의 길을 걷게 된다.

한국 술의 종류와 분류

우리나라에서는 이미 삼국시대에 청주와 탁주가 구별되었고, 고려 말기에 몽골로부터 소주 만드는 법이 도입되어 그 종류가 다양해졌다. 조선시대에는 가양주 문화가 꽃을 피웠는데 가양주는 곡물에 누룩과 물을 섞어 발효시킨 '양조곡주'와 이를 증류시킨 '증류주'로 크

말린 꽃과 약재

게 나눈다. 그리고 이 두 주류에 꽃이나 생약재를 넣어 향기와 성분을 우려낸 '가향주'와 '약용약주'가 있고, 소주에 약재를 넣은 '혼성주'가 있다.

이와 같은 분류는 술의 형태와 성격에 따른 분류이고, 좀 더 세부적으로 나누면 제조 목적, 제조 시기, 제조 방법, 산지, 제조 횟수, 용도, 누룩의 종류에 따라서도 얼마든지 다양하게 나눌 수 있다.

술의 제조 방법에 따른 분류

한국 전통주는 대부분이 발효주로서, 발효가 끝나 다 익은 술의 맑은 액체만 걸러 숙성시키면 청주가 되고, 청주를 거르고 남은 탁한 술덧을 그대로 거르거나 물을 섞어 거르면 탁주가 된다. 이렇게 해서 얻은 청주와 탁주를 증류기를 이용하여 순수한 알코올만을 추출해 내면 알코올 함량이 높고 맑은 술인 소주가 된다.

청주는 '맑은 술', '여과한 술'을 말한다. 청주는 한국 술의 근간을 이루고 있다고 해도 과언이 아닐 만큼 중요한 술로, 한국 술의 부흥기라고 할 수 있는 조선시대만 하더라도 이루 헤아릴 수 없을 정도로 많은 전통 청주들이 저마다 주품을 다투었다.

청주는 복잡하고 다양한 맛과 향이 그 특징이자 자랑이다. 주원료인 쌀을 어떻게 처리하느냐, 원료의 배합 비율이 어떻게 조화되느냐에 따라 그 맛과 향에서 현저한 차이가 난다.

탁주는 '탁한 술' 또는 '흐린 술'을 말하며 앞서 언급한 청주와 반대되는 개념의 술이다. 탁주는 가장 오랜 역사와 전통을 자랑한다.

탁주류는 감칠맛이 특징으로, 청량미가 뛰어나 땀 흘려 일한 뒤 갈증을 씻어 내는 데 그만이며, 약간의 단맛, 신맛, 쓴맛, 떫은 맛, 매운

맛 등의 오미를 느낄 수 있다.

막걸리는 탁주 가운데 도수가 낮은 술을 말한다. 술을 거를 때 술 원료인 밥알과 누룩 속의 밀가루까지 알뜰하게 걸러 내기 위해 물을 쳐 가면서 마구 주물러 대고 힘껏 비벼 짜서 거르게 되면 술의 양도 늘어나고 잘 걸러지므로, 이를 '막걸리'라고 부르게 되었다.

한국 술은 마실 사람에 따라 맑게 거르면 청주이고, 반대로 흐리게 거르면 탁주가 되므로, 탁주와 청주는 술의 빛깔에 따른 차이일 뿐 맛이나 향기, 도수가 똑같은 술이다.

소주는 '끓여서 증류한 술'이란 뜻으로, 그 원리는 술의 대부분을 차지하고 있는 물과 알코올의 기화 온도 차이를 이용하여 알코올만을 추출하는 기술이다. 발효주를 가열하여 증류기를 통해 기화한 알코올을 추출한 뒤, 이를 냉각하여

청주

탁주

소주

순도 높은 소주를 얻는다. 이슬처럼 받아 내므로 무색투명하다.

한국 고유 방법의 소주는 다 익힌 발효주를 시루나 소주고리를 이용하여 증류한 제품으로, '증류식 소주' 혹은 '재래식 소주'라고 한다.

구분	청주	탁주	소주
형태	황금빛 맑은 술	우유빛 탁한 술	무색투명한 술
특징	복잡하고 다양한 맛과 향	뛰어난 감칠맛과 청량감	알코올 도수가 높지만 부드럽고 장기 저장이 가능함
제조 방법	발효가 끝난 술의 맑은 액채만 걸러 숙성시킨 술	술 원료인 밥알을 마구 주물러 흐리게 거른 술	끓여서 증류하여 알코올만 추출하여 냉각한 술

제조 목적에 따른 분류

과거에는 술을 빚는 데 있어 반드시 목적과 대상이 있었다. 다시 말하면, '무슨 술을 누구를 위해 빚는가, 술을 마시는 사람이 어떤 취향인가'에 따라 그에 맞는 술을 빚었다. 술을 마실 대상이 조상신인지, 집안 어른인지, 초대 손님인지, 술의 용도가 농사술인지, 잔치술인지, 아니면 이문을 남기기 위해 파는 술인지, 선물용인지에 따라 술 빚는 원료나 방법을 달리하였다.

속성주류는 갑자기 한꺼번에 많은 손님을 대접할 일이 생겼거나, 집안의 상사(喪事) 등 갑작스런 상황을 앞두고 많은 양의 술을 한꺼번에 빨리 마련해야 할 때, 또는 특수한 목적으로 빚은 술이 더디 익거나 잘못되어 시어졌을 때 임시방편으로 빚는 술이다.

감주류는 술을 즐기지 않는 사람과 술이 약한 노인과 부모의 봉양을 위해 빚는 술이다. 감주류는 알코올 도수가 낮은 편이나 단맛이 남아 있어서 술맛이 부드럽고 향기롭다.

가향주류는 꽃이나 과일, 열매 등 자연 재료가 갖는 향기를 첨가한 술을 말한다. 계절 변화 등 자연의 섭리를 그대로 술에 끌어들이는 지혜를 발휘한 것으로 소위 '풍류'가 깃들어 있다고 할 수 있다.

약용약주류는 일상적으로 빚는 술에 약재와 기타 부재료를 함께 넣고, 일정 기간 익힌 술을 말하는데 줄여서 약주(藥酒)라고 한다. 집안 어른과 노인들의 질병 치료와 예방, 건강 증진을 도모하는 한편, 귀한 약재의 저장을 위한 목적도 있었다.

혼성주류는 소주에 과실, 한약재, 향초, 종자류 등의 추출물이나 당류, 향료, 색소를 첨가하여 제조한 주류를 말한다. 기후나 풍토, 숙성 기간 등과는 관계 없이 단기간에 제조할 수 있고, 얼마든지 새로운 독창적인 개발이 가능하여 대개의 가정에서 다양한 혼성주를 제조하여 즐기고 있다.

혼양주류는 한국의 술 가운데 가장 특별한 주종이라 할 수 있는데, 발효주이면서 동시에 소주의 장점인 저장성을 간직하고 있기 때문이다. 혼양주는 일반적인 제조 과정을 똑같이 거치는데, 다만 발효 중인 술에 소주를 첨가하여 발효 숙성시킨다.

한국 양조 문화의 고유성과 차별성

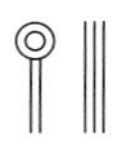

예부터 한국인들은 오랜 세월 동안 기호음료만이 아니라, 약을 복용하기 위한 수단으로, 더러는 약재를 저장할 목적으로 술을 빚어 왔다.

국화주

한국 술은 주식인 쌀로 지은 죽이나 떡, 고두밥에 누룩과 물을 섞어 빚는다. 그 과정에서 국화를 넣으면 국화주, 진달래꽃을 넣으면 두견주, 송순을 넣으면 송순주, 연잎을 넣으면 연엽주, 인삼을 넣으면 인삼주가 된다.

또 탁주나 청주, 약주를 증류시켜 만든 소주에 각종 한

약재를 넣어 그 약용 성분을 이용하는 약용 목적의 혼성약주, 또는 증류주나 양조주에 향미료, 약료, 당분 등을 넣어 마시기 쉽게 만든 재제주를 빚어 건강에 도움을 주고 병을 치료하는 등 뛰어난 양조 기술을 자랑해 왔다.

주원료의 다양한 가공법

한국 술의 정체성을 밝힐 수 있는 가장 특징적인 분류 방법으로 주원료인 쌀의 가공 방법을 들 수 있다. 한국 술은 주원료가 다양하다는 것 외에 한 가지 원료라도 다양하게 가공하여 맛과 향기, 알코올 도수를 차별화하였다.

이는 서양의 와인에서 품종이 다른 포도를 섞어서 발효시키거나 완성된 포도주를 혼합하는 '블랜딩(blending)'과는 다른 차원의 기술이라고 할 수 있다.

죽을 주원료로 하여 술을 빚는 방법이 가장 오래된 것으로 알려져 있다. 죽으로 빚는 술의 특징은 그 빛깔이 맑고 밝으며, 맛이 부드럽고 깊다. 무엇보다 다른 방법에 비해 수율(收率)이 높다는 점에서 경제적이라고 할 수 있다.

물송편은 삶는 떡의 한 종류로 고두밥이나 백설기 등 다른 방법에 비해 훨씬 복잡하고 까다롭지만 술 빛깔이 더 맑고 깨끗한 것이 특징으로 오묘한 방향(芳香)을 띤다.

죽

구멍떡은 곡물을 가루로 내어 익반죽한 뒤, 도넛 형태로 빚어 끓는 물에 삶아 낸 떡을 말한다. 구멍떡으로 빚는 술의 특징은 방향으로, 반가와 일부 부유층에서 귀한 손님 접대에 이용될 정도로 감미와 향기가 뛰어나며, 특히 원료 배합 비율에 따라서는 자두, 사과, 포도, 복숭아 등 여러 가지 과실과 특정 꽃에서만 느낄 수 있는 향기가 난다.

개떡은 곡물을 가루로 만들어 시루에 찐 다음, 이를 다시 떡메로 쳐서 인절미 상태가 되면 재차 둥글납작하게 빚어서 시루에 찐 떡으로 손이 많이 간다. 손이 많이 간다는 것은 그만큼 많은 공정과 정성을 요구하는 것으로, 개떡으로 빚은 술의 맛과 방향은 단연 으뜸이라고 할 수 있다.

인절미는 곡물을 가루 형태로 만들어 시루에 찐 설기떡이나 고두밥을 뜨거울 때 떡판에 올려 놓고 떡메나 절굿공이로 사정없이 쳐서 만든 떡인데, 쫄깃한 맛과 함께 소화가 잘되어 누구나 즐긴다.

인절미 제법을 응용한 술 빚기는 흔한 방법은 아니지만 감칠맛이 뛰어나고 발효가 잘된다는 장점이 있다. 하지만 술 빚기 공정이 복잡하고 까다로워 일부 가정에서만 이루어졌던 것으로 보인다.

백설기는 한국인이 가장 중요하게 여긴 떡류 가운데 하나이다. 백설기를 이용한 술 빚기는 이천 년 전부터 시작되었다.

밑술을 백설기로 만들어 빚는 술의 특징은 무엇보다 감칠맛이 뛰어나다는 것이다. 속성주류를 비롯하여 감주류, 이양주류, 삼양주류 등에 폭넓게 이용되는 까닭은 술의 독하고 거친 맛을 해소할 수 있다는 장점 때문이다.

범벅은 곡물을 가루 내어 끓는 물을 부어서 이기어 만든 것이다. 범벅은 마치 된풀이나 설익은 죽과 같은 상태로 대개 고급 방향 주류

범벅

고두밥

에서 밑술로 사용한다.

고두밥은 곡물을 낟알 그대로 시루에 쪄서 익혀 낸 것으로 전통주를 빚을 때 가장 많이 사용한다. 고두밥은 유일하게 곡물을 가루 내지 않고 통째로 사용하는 방법인데, 여느 방법에 비해 맑고 깨끗한 술을 얻을 수 있으며, 가장 높은 도수의 술을 빚을 수 있다. 하지만 맛이 억세고 독하며, 다른 방법에 비해 향이나 풍미가 떨어진다는 단점이 있다.

한국 술의 맛과 향기

한국 술의 향기에 대해 "우리 전통주에는 독특한 곡자향이 있다."든가 "전통주의 특징 가운데 하나가 곡자향이다."는 말을 어렵지 않게 듣게 된다. 한국 전통주는 한국인들의 주식인 쌀을 주원료로 하고 발효제로 '누룩'을 사용하는데, 바로 이 누룩을 곡자(麴子)라고 한다. 누룩은 밀이나 보리, 쌀 등을 분쇄한 뒤 적당량의 물과 섞어 반죽해 따뜻한 곳에 두어 누룩곰팡이가 잘 자라도록 만든 것이다. 자칫 이 누룩을 잘못 만들어 누룩곰팡이가 지나치게 많이 자라게 되면 술에서 누룩곰팡이 냄새가 나기 십상이다. 특히 민가에서 약식과 속성으로 누룩을 많

누룩

이 사용하면서부터 전통주에서는 누룩 냄새가 나는 것을 당연한 일로 여기고, 이 '곡자향'을 전통주의 향기로 여기는 이들이 생겨났다. 그렇다면 정말로 한국의 고유한 전통주는 곡자향이 전부인가. 단언코 아니다. 오히려 서양 와인의 포도향이나 사과향, 맥주의 호프향보다 훨씬 다양하고 은근한 고급의 과실 향기와 꽃향기가 있다.

서양 술들이 원료가 갖고 있는 자체의 향을 발하는 것인데 비하여, 우리 전통주는 과실이 아닌 전분질의 쌀과 곰팡이 냄새가 나는 누룩으로 빚은 술임에도 불구하고, 술 빚는 이의 솜씨와 쌀의 처리 방법에 따라 각각 다른 향기를 뿜어낸다. 이러한 향기를 간직한 술을 '방향주'라고 하는데, 사과 향기를 비롯하여 포도, 딸기, 복숭아, 수박, 홍시, 자두, 연꽃, 계피, 솜사탕 등 다양한 향기를 띤다.

이렇듯 다양한 방향을 간직한 한국의 고유한 술이 사라진 배경에는 무엇보다 우리나라 사람들의 조급함과 함께 수천 년을 이어 왔던 정통의 술 빚기가 일제강점기를 시작으로 80여 년간 단절되었던 사실에 기인한다. 이 기간에는 그간 가양주로 맥을 이어 왔던 수백 종의 전통주들이 자취를 감추었고, 밀주 단속이 빈번해지면서 속성과 약식의 술 빚기가 성행하였다. 그 결과 방향으로 표현되는 한국의 고유한 술 향기와 특유의 달고 부드러운 감칠맛과 곰삭은 깊은 맛은 사라지고, 시고 쓰고 독한 맛의 박주(薄酒)가 널리 퍼지면서 한국의 전통주 행세를 하게 되었다.

사실 한국의 고유한 술맛은 '감칠맛'과 '곰삭은 맛'에 '눈물맛'이 더해진 맛이다. 달고, 시고, 쓰고, 떫고, 매운 다섯 가지 맛이 오랜 시간 곰삭아 잘 조화된 감칠맛에, 노동에 가까운 술 빚는 일과 술이 잘 익기를 노심초사했던 어머니의 눈물맛이 어우러져 있어 한마디로 표현하기 힘들다.

한국 전통주의 고유색

아직까지는 한국 전통주의 고유한 색에 대한 평가가 이루어진 적이 한 번도 없었다. 하지만 1450년대 발간된 『산가요록』을 비롯한 조선시대 『고조리서』에 수록된 850여 종의 전통주 복원과 재현을 통해 확인된 사실은 한국 전통주가 중국의 황주나 일본의 사케와는 다른 고유의 색을 띠고 있다는 것이다.

황금색

자연 발효에 의해 발현

되는 한국 술의 고유색은 황금색을 최상의 색으로 본다. 이어 사과식초나 호박(琥珀)색을 상위의 색으로, 엷은 미황색의 경우를 중위의 색으로, 엷은 보리차 색을 중하위의 색으로, 짙은 보리차 색을 하위의 색으로 여긴다.

이렇게 한국 전통술의 색에 대해 이야기할 때 그 전제는 발효주를 중심으로 한다. 그런데 여기서 중요한 것은 꽃이나 잎, 초근목피 등 여러 가지 부원료를 넣은 경우라도 발효가 되면 부재료의 색과 무관하게 발효주 고유색으로 돌아온다는 점이다. 또 주원료인 멥쌀이나 찹쌀, 기타 보리나 조, 수수, 기장과 같은 곡류를 일정 비율로 섞어 사용하더라도 고유색을 갖는다.

물론 부재료의 양이 주재료와 동량이거나 그 이상일 경우 부재료로부터 유리되는 색상이 반영되긴 하지만, 그 외의 경우에는 중국의 황주보다는 밝고 화려하며, 일본의 사케보다는 진한 황금색 계통의 고유색을 지닌다고 할 수 있다.

주주객반(主酒客飯)

과거에는 벼슬하는 사람이 아니라도 손님맞이가 일상사여서 가양주를 상비하여 접대하였다. 주주객반은 일설에 정적이 마주 앉았는데, "주인이 자신의 잔에 술을 따라 먼저 한잔 마시고 술을 객에게 건네면서 '술 한잔 드시라.'고 권하면, 객은 답례로 '기다리시느라 시장하셨을 텐데 식사를 하시라.'고 말한 데서 생겨난 말"이라고 한다.

이와 같은 예법은 우리나라 사람들이 그만큼 술을 즐겨 마셨고, 자기 집의 비법으로 정성껏 빚은 술을 내어 손님을 대접하는 것을 자랑으로 여긴 데서 온 고유의 풍습이다.

가양주의 의미와 중양법

가양주와 명가명주

한국에는 육백 년이 넘는 오랜 세월을 이어 온 '가양주'라는 독특한 문화가 있었다. 가양주란 '집에서 빚은 술'이란 뜻으로, 쌀, 보리, 조, 수수 등의 곡식과 천연발효제인 누룩, 물을 주원료로 하고, 여기에 가향재나 약용약재를 첨가하여 발효, 숙성시킨 술을 총칭한다.

이러한 가양주 문화에서 "이름 있는 집안에 맛있는 술이 있다."는 뜻의 '명가명주'라는 말이 생겨났다. 이름 있는 집안이란 사대부와 부유층, 세도가들을 가리키는 것으로, 이들 집에는 각종 통과의례가 많았고, 특히 손님들의 출입이 빈번하였다. 손님 접대에 있어 술 접대가 예와 도리로 인식되어, 저마다 미주를 빚어 상에 올렸고, 각종 집안 행사에도 이용하였다. 이런 식으로 자연스럽게 술 빚는 기술이 축적되었고, 좋은 원료를 사용함으로써 뛰어난 주질을 구현할 수 있었다.

가양주의 다양성과 차별화된 양조기법

대부분의 국가들이 술을 분류할 때, 발효주와 증류주로 크게 나누고, 주원료가 무엇이냐에 따라 술의 종류를 구분한다. 지금의 한국도 예외는 아니나, 주세법 도입 이전의 전통적인 주류 분류 방법을 보면 명확한 차이가 있음을 알 수 있다. 특히 쌀의 가공 방법과 한 가지 술이라도 몇 가지 쌀을 섞어 빚는가 하는 주원료의 혼용 여부, 술 빚는 횟수, 누룩의 종류, 부재료의 사용 여부 등에 따라 각양각색의 술 빚기가 이루어졌다.

한국 가양주는 주원료가 매우 다양하며 주원료의 가공 방법에 따라 여러 가지 청주 제조가 가능하다는 점이 서양 술과 다른 가장 두드러진 특징이다. 주원료로 멥쌀과 찹쌀을 비롯한 오곡을 이용하는데, 사는 형편과 생활 근거지에 따라 많이 생산되어 주식인 곡물을 주로

가양주 주원료

술 빚기에 이용해 왔다. 그 종류를 보면 가장 많이 사용되는 원료로 쌀(멥쌀, 찹쌀)이 있고, 다음으로 보리쌀(보리쌀, 찰보리쌀)과 조(메조, 차조)가 있으며, 이북 지방에서는 수수(수수, 찰수수)와 기장(기장, 찰기장)이 많이 사용되었다.

중양법과 넘나듬이 자유로운 가양주

대개의 나라들에서 양조는 한 번으로 그친다. 하지만 한국 술은 다르다. 기본적으로 가양주는 누룩과 익힌 쌀, 물을 섞어 일정한 온도와 기간을 거쳐 발효가 이뤄지는데, 이와 같은 과정이 한 번으로 끝나는 단양주가 있는가 하면, 두 번 반복하는 이른바 덧 빚은 술(이양주), 세 번 빚는 삼양주 등이 있어, 넘나듬이 자유로운 가양주 제조의 특징을 엿볼 수 있다.

술을 빚는 횟수가 많아짐에 따라 그 향기와 맛, 알코올 도수, 술의 색상 등이 다양해지는데, 이러한 기법이 이미 고려시대를 거쳐 조선시대에 체계화되었다는 사실에서 한국 가양주 제조의 역사성과 전통성을 살필 수 있다.

술 빚는 모습

또한 술의 용도에 따라, 여건에 따라 다양한 방법으로의 전환과 변용이 자유롭다는 점도 한국 가양주의 특징이다.

조선시대에 관가와 명문가

마다 소위 전문가가 있었는데, 이들의 기술이 얼마나 뛰어났는지 술의 목적이나 술을 빚을 수 있는 기간과 용도 등 제반 여건에 따라 술의 제조 방법과 발효 방법을 달리하는 등 자유자재의 술 빚기를 해 온 것을 알 수 있다.

그 예로 갑작스레 초상이 났을 때 쓰는 상둣술(상여꾼을 위한 술)이나, 농사일에 따른 품앗이 등 한꺼번에 많은 양이 사용되는 농주는 2~3일 만에 완성해야 하는 속성주로 빚었고, 자녀가 성숙하여 출가를 앞두었을 때 손님 접대에 내놓는 혼삿술과 잔치술은 무엇보다 맛과 향기가 좋아야 했으므로 3개월 이상의 장기발효주로 빚었다. 접빈객을 위해 상비하는 술들은 무엇보다 다양하면서도 맛과 향기가 좋아야 했으므로 많은 정성을 쏟았는데, 전문가들은 자칫 술이 잘못되면 그 원인이 무엇이었는지, 술을 빚었던 사람의 심정까지 알아맞히고 그에 따른 조치와 방법을 강구하는 등 특별한 능력을 갖추었다.

오랜 경험에서 오는 뛰어난 기술과 김치와 장, 젓갈 등 다양한 발효 음식을 바탕으로 한 전통 식생활의 지혜에서 비롯된 것으로, 술 빚는 방법에서도 자유로운 전환과 변용이 가능했던 것이다.

혼삿술

술 빚는 사람이 가장 두려워했던 술이 있다. 자녀의 혼인 때 사용하는 술이 그것인데, '혼삿술' 또는 '혼인술'이라고 한다. 혼삿술은 양이 많이 필요할 뿐만 아니라 한두 달 전부터 준비해 충분히 숙성시켜 맛과 향이 좋도록 해야 했다. 술의 품질이 떨어져 맛이 없거나 숙취에 시달리게 되면 혼인 잔치가 끝나고 뒷말이 돌아 혹여라도 자식들에게 누가 될까 염려한 부모의 애틋한 마음이 담겨 있다고 할 수 있다.

한국의 음주 문화와 풍류

한국 술은 가양주가 모태인데, 신을 위한 공물로 출발하여 어른과 늙고 병든 이를 위한 약으로 쓰였고, 손님을 위한 접대와 나눔의 정을 반영한 매개물로 기능하기도 하였다. 특히 가난한 사람들에게는 농사일의 에너지원이자, 춥고 배고픔을 달래 주는 마실거리로 쓰임새가 많아지면서 집집마다 상비 음식으로 뿌리내렸는데, 현대에는 일상생활에서 너나없이 즐기는 기호품이라는 인식이 강해지고 있다.

한국인의 전통 음주관

한국인들의 음주관은 같은 동양 문화권인 중국이나 일본과도 차별된다. 한국인은 술을 마시는 절차와 규칙, 사람의 자세를 중요하게 여겼는데, 이는 술 마시는 예의로 집약된다고 할 수 있다. 곧 '술을 마시는 가운데 한 치의 흐트러짐도 없는 정신 자세를 통해 인간 본래의 숭고

한 정신과 깨끗한 물질인 술이 한데 어울려 비로소 이루는 조화'에 음주의 목적이 있었다.

현대 사회로 들어오면 음주관에도 많은 변화가 있었지만 과거와 다르지 않은 점은 음주를 통해서 예절을 배우게 된다는 것이다. 이를 한마디로 하면 '향음주례'라고 할 수 있다.

향음주례는 고을이나 마을 단위의 덕망 있는 사람이 향리의 노인과 어른을 초청하여 술을 대접하고 공경하는 예를 통해서 백성과 젊은이들을 교육시키는 데 그 목적이 있었다. 현대에도 성인이 되는 자녀에게 '음주 예법'이라 하여 술자리에서의 예절을 가르치는데, 주로 할아버지나 아버지 등 집안의 어른과 함께 술을 마시며 예절을 익힌다.

풍류와 반주 문화

한국인의 음주 문화는 계절 변화에 따른 자연의 섭리를 그대로 술에 끌어들여 일상에서 이를 향유한 것이라 할 수 있다. 봄이면 진달래꽃이며 개나리꽃을 술에 넣어 그 향기와 봄의 정취를 즐기고, 여름이면 장미나 박하, 창포와 같은 꽃, 잎, 뿌리로 술을 빚어 더운 여름의 계절 감각을 술에 곁들이기도 하고, 가을이면 유자며 귤과 같이 향기가 좋은 과일 껍질로 술에 향기를 불어넣어 가을이 깊었음을 알렸다. 추운 겨울에도 풍류는 계속되었는데 함박눈이 펄펄 내리는 엄동설한의 설중매는 그 향기가 뛰어나 반쯤 핀 매화를 술잔에 띄워 마시며 심성을 맑게 정화시키곤 하였다.

이렇게 계절마다 세시주와 가향주를 즐기는 가운데 재미있는 이야깃거리가 탄생하고, 시인과 예인들은 음주에 따른 감회와 흥취를 아름다운 예술로 승화시키는 등 풍류가 바탕에 깔려 있었다.

또한 한국인은 술을 '온갖 뛰어난 약 가운데 으뜸'이요, '장수를 위한 약'으로 인식하였다. 이 말은 옛 조상들의 술 빚는 과정과 그 용도에 연유한 것으로, 일상적인 술 빚기는 특히 늙은 부모나 노인의 장수와 건강을 기원하는 반주를 최우선으로 여겼기 때문이다. 반주는 과음하지 않도록 단맛이 많이 나도록 빚었고, 술을 전혀 못 마시는 사람이라도 한두 잔은 마실 수 있도록 배려하였다.

반주는 부모와 노인의 소화와 흡수를 돕기도 한다. 나이가 들면 소화와 대사 기능이 떨어지는데, 식사 때 두세 잔의 반주로 소화와 흡수를 돕고 혈액 순환 촉진과 체온 상승으로 대사 기능이 활성화되므로 건강에 도움을 준다.

중요한 사실은 이러한 반주가 우리의 술자리 문화이자 진면목이라는 것이다. 보통 두세 잔의 음주가 '건강의 선(善)'이라고 할 수 있는데, 그 이상이 되면 간에 무리가 간다. 하지만 반주를 하다 보면 어느새 주량이 저절로 줄어 건강을 지킬 수 있는 하루 두세 잔 정도면 만족하게 된다. 이는 수천 년을 이어 온 조상들의 뛰어난 지혜에서 비롯된 결과라 할 수 있다.

한국 음주 문화의 꽃, 주인과 대모

과거 가양주 문화가 발달했던 시대에는 전문가로서 주인(酒人)과 대모(大母)가 있었다. 주인은 궁궐이나 지방 관청에 예속되어 있으면서 술을 전문적으로 빚는 벼슬아치이며, 대모는 반가의 유모나 찬모와 같이 전문적으로 양조를 담당하는 여인을 말한다.

부와 명예는커녕 사회적 인정도 신분 보장도 받지 못했던 초라한 직분이었지만, 전통주 감정에 관해서는 뛰어난 감각을 지니고 있었다. 이들은 심지어 술을 마시면 그 술을 빚은 이의 성격이며 술을 빚는 과정을 순서에 맞게 정상적으로 수행하였는지의 여부는 물론이고, 당시 술 빚는 사람의 심정까지 가늠하고 알아맞혔다고 한다.

한식 만찬에 어울리는 주류

예부터 한국인들의 음주 생활은 식사를 하며 반주로 한두 잔 술을 곁들여 마시는 것을 중요하게 생각하였다. 한국인의 주식인 쌀밥은 빵보다 소화가 잘 안되는 관계로 소화 흡수를 돕는 반주는 건강한 식생활을 위한 지혜로운 선택이었다. 또한 술을 빚을 때 주식인 쌀을 포함한 여러 곡물을 원료로 사용한 것은 한국인의 체질을 반영한 합리적인 선택이라고 할 수 있다.

손님을 초대해 한식을 대접할 때 그에 어울리는 한국 술을 반주로 곁들이는 것도 좋은 방법이다. 손님 접대에 갖추면 좋은 술로, 식전주와 식중주, 식후주로 나누어 생각해 볼 수 있다.

식전주

식전주는 입맛을 돋우기 위해 마시는 술로 음식을 먹기 전에 위를 깨

우고 식욕을 자극하기 좋은 순하고 부드러운 술을 주로 마신다. 다음과 같은 술을 곁들이면 좋다.

제주 오메기맑은술 맛이 진하고 부드러우며 달콤한 맛과 천연의 과실향이 나는 고급 약주이다. 차조쌀로 도넛 형태의 오메기떡으로 빚는다고 하여 오메기술이라고 하는데, 제주 지방의 향토성을 잘 살린 술로 독특한 풍미가 있다.
에탄올 함량: 16퍼센트, 주원료: 좁쌀, 햅쌀, 누룩, 천연암반수

풍정사계 하(夏) 쌀로 빚은 약주의 달콤함과 증류식 소주의 쌉쌀한 맛이 조화롭게 어우러져 독특한 풍미를 지랑하며, 유럽의 포트와인을 연상케 하는 한국의 특급 청주이다.
2017 한미정상회담 만찬주 / 에탄올 함량: 18퍼센트, 주원료: 유기농 멥쌀, 찹쌀, 향온곡, 정제수, 증류 시 소주

해남 진양주 밝은 황금빛을 띠며 차갑게 마시면 입 안에 가득 퍼지는 독특한 복숭아향과 진한 단맛을 느낄 수 있다. 특히 목 넘김이 부드러워 궁중과 반가에서 즐겼던 전통 청주의 진미를 느낄 수 있어, 가족과 함께 가볍게 마시기에 좋다.
전라남도 무형문화재 제25호 / 에탄올 함량: 15퍼센트, 주원료: 찹쌀, 누룩, 정제수

식중주

재료가 갖는 고유한 풍미와 여러 가지 양념, 조리법에 따라 음식의 맛이 달라지는데, 곁들이는 식중주는 식재료의 풍미를 해치지 않아야 하고, 음식의 맛을 보완 또는 향상시켜 줄 수 있어야 한다.

순창 지란지교 옛날 평양의 이름난 주가에서 누룩을 가져다 술을 빚었다고 할 만큼 유명한 순창의 구전 비법 누룩으로 빚은 술이다. 맑은 바람 한자락에 도리행화 피는 듯한 향취는 사랑하는 사람과 함께 취하여 천리를 여행했으면 하는 바람을 갖게 한다.
2016 대한민국 명주대상 / 에탄올 함량: 15퍼센트, 주원료: 순창산 유기농 멥쌀과 찹쌀, 전통 누룩, 정제수

해남 해창 일반 막걸리에 비해 발효 숙성 기간이 긴 30일이나 되고, 감미료를 전혀 사용하지 않아 많이 마셔도 몸이 가볍고 숙취가 없는데다 술맛도 부드럽다. 바닷바람을 맞고 자란 해남산 유기농 찹쌀 고유의 맛과 향이 그대로 살아 있고, 부드러움과 깊은 맛이 특히 뛰어나다.

에탄올 함량: 12퍼센트, 주원료: 해남산 멥쌀, 찹쌀, 누룩, 지하수

이강주 궁중과 상류 사회에서 즐겨 마시던 고급 약소주로, 전통 소주에 배와 생강, 울금, 벌꿀이 들어감으로써 '이강주(梨薑酒)'라고 한다. 단맛이 많은 이서배와 울금이 왕실의 진상품이었던 배경이 이강주가 전주에서 빚어졌던 이유이다. 부드럽고 향이 좋아 담백한 맛의 생선회나 맑은 탕, 신선로, 편강 등이 잘 어울리는 안주로, 무겁지도 가볍지도 않아 누구나 즐길 수 있는 명주이다.

전라북도 무형문화재 제6-2호 / 에탄올 함량: 25퍼센트, 주원료: 전주산 멥쌀, 전통 누룩, 배와 생강, 울금, 벌꿀, 정제수

당진 면천 두견주 봄에 야산에 피는 진달래꽃을 넣어 빚은 가향주로 향취가 뛰어나 국내 가향주를 대표하는 명주이다. 아미산의 진달래와 찹쌀, 안샘의 물로 빚고 100일 후에 마시는 술로, "부모의 병을 고쳤다."고 하여 '효도의 술'로 더 이름이 났다. 갈비나 맑은 낙지탕, 고단백의 육류나 진달래화전 등 담백한 음식과도 궁합이 잘 맞고, 향이 풍부한 산나물이나 쌉싸름한 채소들과 함께 곁들여도 좋다.

국가무형문화재 제86-2호 / 에탄올 함량: 18퍼센트, 주원료: 국내산 찹쌀, 전통 밀누룩, 국내산 진달래꽃, 정제수

중원당 청명주 한겨울에 빚고 한강 얼음이 녹는 청명절부터 마시기 시작하는 조선시대 대표적 명주이다. 남한강과 달천이라는 강물이 합류하는 지점에 양조장이 위치해 있어, 무엇보다 좋은 물로 빚은 술로 유명하며, 풍부한 과실향이 특징이다. 찹쌀 특유의 진득함과 단맛, 그리고 생약주 특유의 산뜻함이 매운탕이나 수육 등과 조화를 이룬다.

충청북도 무형문화재 제2호 / 에탄올 함량: 17퍼센트. 주원료: 국내산 찹쌀, 누룩, 정제수

식후주

식후주는 식사를 마친 후에 가볍게 즐기는 후식을 먹을 때 함께 마시면 좋은 술로 디저트의 달콤함을 배가시키거나 소화 작용을 촉진시키고, 식사 후 입맛을 개운하게 해 주는 역할을 하므로, 단맛과 신맛이 균형을 이루는 가벼운 도수의 술이 적당하다.

이화주 이화주는 배꽃이 필 때 누룩인 '이화곡'을 빚는다 하여 이름 붙여진 고급 탁주이다. 농축 요거트 형태의 걸쭉한 술로, 유일하게 떠먹는 방법의 즐거움과 동시에 새콤달콤한 맛으로 명문가와 부유층에서 노부모의 보양식이자 간식으로 애용되었다. 과일과 함께 후식으로 즐기기 좋은 술이다.

에탄올 함량: 8퍼센트, 주원료: 멥쌀, 누룩, 정제수

평택 천비향 유일하게 다섯 번 발효시킨 오양주로 6개월의 발효와 저온 숙성을 거쳐 완성되는 최고급 약주이다. 주원료 대비 4퍼센트에 그치는 최소량의 누룩을 이용하여 밑술을 빚은 다음, 네 번의 덧술 과정을 거침으로써 누룩 냄새를 최소화하고 깊고 부드러운 풍미와 함께 풍부한 향을 느낄 수 있다.

2018, 2020 우리술 품평회 약주부문 대상 2회 수상 / 에탄올 함량: 16퍼센트, 주원료: 평택산 멥쌀, 전통 누룩, 정제수

가평 청진주 청정지역인 가평의 숲속에서 빚는 술로 무엇 보다 맑고 깨끗한 술 빛깔이 특징이며, 특히 부드러운 첫맛은 과일 향기와 더불어 약간의 단맛, 저온 발효에서 오는 깊은 맛과 꽃향을 띤다.

에탄올 함량: 16퍼센트, 주원료: 가평 산 멥쌀, 전통 누룩, 정제수

술 이야기

술맛으로 주인의 길흉을 안다

술 빚는 일은 집안일을 도맡아서 하던 여인들의 중대사 중 하나로, 술맛으로 그 집안의 길흉을 가늠하기도 하였다. 제사와 차례에 쓰는 제주, 손님 접대와 식사 때의 반주, 그밖의 농사와 일상사에 두루 쓰는 술은 그 맛의 좋고 나쁨에 따라 인정이 쏠리게 된다고 믿었다. 때문에 집집마다 갖가지 기술과 비법을 동원하여 술을 빚었고, 이러한 노력은 가문의 전통으로 뿌리내렸다.

'술로서 주인의 길흉을 알 수 있다.'라고 하였는데, 이는 곧 과거 잘못에 대한 징벌, 또는 다가올 미래에 대한 조짐을 의미하는 것이었다. 특히 조상 제사에 쓸 술이 잘못되면 제사를 받는 선조에 대한 불손, 불경, 불공의 응징으로 인식하게 되었고, 자녀의 혼인 때 쓸 술이 맛없거나 잘못되면, 자식의 장래가 불행해질 것이라고 여겨 술 빚는 일에 온갖 정성을 다하였다.

술이 시어지면 집안에 근심이 생긴다고 여겨, 부인은 이러한 사실을 감추고 속성주를 빚어 대체하기도 하고, 동네 고을에서 가장 잘 익은 좋은 술을 얻어다 붓는가 하면, 팥을 볶아 술독에 넣어 신맛을 고치려는 노력을 하기도 하였다. 또 술이 더디 괴면 '섹스의 위기'로 받아들이기도 하였다. 곧 용수와 술독을 남녀의 성행위로 인식하여, 남편이 첩을 얻었거나 바람을 피우는 것으로 간주하고, 아낙은 남편에게 첩을 대라고 하는 예도 있었다.

꼬맹이술

과거 전통 사회에서는 나이 30이 넘은 총각이라도 지금의 성인식이라고 할 수 있는 '관례'를 치루지 못하면, 어린아이 대접을 받는 등 손해 보는 일이 많았다. 농경사회에서 품앗이는 생산 활동 또는 경제 활동과 직결되는데, 집안이 가난하여 관례를 치르지 못한 서민층의 총각들은 아무리 일을 해도 성인의 품삯을 받지 못하고 어린아이의 품삯을 받아야 했다. 때문에 성인식을 치르지 못한 서민층의 총각들은 막걸리와 같은 박주라도 빚어 동리 사람들에게 베풀어 줌으로써 일종의 '성인 신고식'을 대신하였다. 이때 마시는 술을 꼬맹이술이라고 하는데 꼬맹이술을 얻어 마신 동리 사람들은 그날부터 총각을 어른으로 대접해 주었다고 한다.

4부 이것도 알면 금상첨화

외국인들이 자주 하는 질문에 답하기

Q. 찌개에 숟가락이 함께 들어가도 되나요?

A. 아닙니다. 원래 한식은 1인용 외상이 원칙입니다. 그러나 구한말 이후부터 여러 사람이 함께 둘러앉아 밥을 먹는 교자상차림이 보편화되고 찌개를 공용으로 먹다 보니 함께 숟가락을 넣어 먹는 문화가 생겨났습니다. 지금은 각자 앞접시를 사용하며 공용 숟가락과 젓가락을 이용해 덜어서 먹는 것이 올바른 식사 예법입니다.

Q. 잔치상차림이나 제사상차림에서 음식을 쌓아 놓는 이유가 뭔가요?

A. 한국인들은 축하할 일이나 잔치가 있을 때 혹은 제사를 지낼 때에도 음식을 높이 쌓은 상차림을 합니다. 이유는 여러 가지가 있는데 먼저 높이 쌓아서 받는 분에 대해 공경의 뜻을 담고, 잔치가 끝난 후 높이 쌓았던 음식을 함께 나누기 위한 것이라고 합니다.

Q. 한국에는 디저트가 없나요?

A. 한국은 디저트가 발달한 나라입니다. 삼국시대부터 차 문화가 발달하였으며 이에 따라 차와 함께 즐기는 다식과 같은 한과류도 발달하였습니다. 약과나 강정 등 한과류와 식혜, 수정과 같은 음청류가 바로 우리의 빼어난 디저트 문화라고 할 수 있습니다. 한과는 주로 과일이 없는 철에 과일을 본떠 만들었는데 모양이 아름답고 맛도 좋습니다.

Q. 왜 한국인들은 '밥은 먹었니?'라고 인사하나요?

A. 한국은 얼마 전까지도 먹거리가 부족했습니다. 산이 많고 농지가 적어서 식량 부족에 시달려야 했죠. 그래서 안부를 물을 때 "밥은 먹었니?"라고 하는 습관이 생겨 지금까지 이어지고 있습니다. 밥은 한국인에게 상징적인 것으로 '밥심'으로 살며 '밥이 곧 보약'이라고 믿어 왔을 정도입니다. 경제 수준이 올라가고 먹거리가 풍요로운 이 시대에도 한국인의 인사 습관이 변하지 않은 것은 배려의 문화가 자리 잡고 있기 때문입니다.

Q. 한국인은 아침에 주로 무엇을 먹나요?

A. 한국인들은 주로 아침에 밥을 먹어 왔습니다. 원래 농경민족이라 아침을 든든히 먹고 일하러 나갔지요. 그러나 현대인들은 아침부터 거하게 차려 먹지 않고 죽이나 떡으로 대신하기도 합니다. 젊은 이들은 워낙 바쁘게 출근하다 보니 간단하게 토스트와 커피를 먹거나, 거르는 경우도 많아졌습니다.

Q. 가정의 집밥은 어떤 모습인가요? 한정식집처럼 많이 차리나요?

A. 보통의 경우 밥과 국, 김치를 포함한 마른반찬 몇 가지를 꺼내 두고 먹습니다. 한정식집처럼 여러 종류의 요리를 차려 놓고 먹지는 않습니다. 집에서는 그렇게 차릴 여유가 없을 뿐더러 인원이 많지 않아 음식을 낭비하기 쉽겠죠. 기본적인 밥과 국을 위주로 아침이면 생선구이 하나 정도 더 해서 간단하게 먹고 저녁은 찌개류 하나에 생선이나 고기류의 반찬 한 가지 정도 추가하여 먹는다고 볼 수 있습니다.

Q. 한국 사람은 외식을 자주 하나요? 저녁은 주로 집에서 먹나요?

A. 한국은 다른 나라에 비해 식당 수가 많은 나라입니다. 손만 뻗으면 닿을 거리에 음식점이 있으니 외식을 많이 하는 나라라고 할 수 있습니다. 외식을 얼마나 자주 하느냐, 저녁은 주로 집에서 먹느냐에 대한 질문에는 대답하기가 조금 난감하기도 합니다. 주로 집에서 먹는 사람도 있고, 아닌 사람도 있다는 것이 솔직한 답변입니다. 가능한 저녁 식사 때 모두 모여 함께 하루를 이야기하고 화목을 도모하고자 노력하는 분위기이긴 합니다. 하지만 야근이 많은 아빠, 수험생 아이 등 모든 가족 구성원이 저녁 시간을 정해 놓고 할애하기 힘든 현실이랍니다.

Q. 식당에서는 왜 가위를 손님상에서 사용하나요?

A. 한국 식당에서는 면이나 고기를 자르거나 김치 등의 반찬을 자를 때 가위를 사용합니다. 전통적으로 그런 문화는 우리에게 없었지만 편리성을 내세우다 보니 일부 식당에서 그런 현상이 생겼습니

다. 식당에서는 손님상에 사용하는 가위와 음식 재료에 사용하는 가위를 따로 분류해 두고 사용한답니다.

Q. 청주, 소주와 막걸리는 어떻게 다른가요?

A. 한국 술은 기본적으로 쌀과 같은 곡물을 사용하여 만듭니다. 막걸리는 쌀을 발효시켜 흐리게 걸러 낸 것이고, 청주는 쌀을 발효시킨 후 맑게 걸러 낸 술이며, 소주는 청주를 증류시켜 만드는 술입니다. 우리가 즐겨 마시는 참이슬과 같은 소주는 증류주가 아니라 주정으로 만드는 술입니다.

Q. 한국 사람들은 매운 음식을 잘 먹나요?

A. 한국 음식 중에서도 서울 음식이나 북한 음식은 매운맛보다는 담백하고 심심한 맛이 특징이고, 전체적으로도 담백한 음식이 많은 편입니다. 그러나 조선 중기에 고추가 유입된 후 점차 매운 음식이 발달하였고, 특히 최근 20년 사이에 매운맛이 점점 강해졌습니다. 한국인이 가진 열정적인 특징은 매운 음식을 잘 먹는 것으로 표현되기도 합니다. 고추장, 떡볶이, 불닭, 매운 라면, 비빔국수 등 한국의 매운 음식은 이제 세계적으로도 유행하고 있습니다.

외국인들이 알면 좋은 한식 문화 팁

나물 문화

한국은 예로부터 산과 들에 나는 채소가 풍부해서 이를 이용한 수많은 요리법이 특히 발달하였습니다. 나물은 채소로 만든 찬을 주로 말하지만, 채소 자체를 말하기도 합니다. 예를 들어 콩나물은 채소 이름이자 반찬 이름이기도 합니다. 채소로 만든 찬 가운데 오이나물이라고 하면 오이로 만든 음식을 말하고, 호박나물은 호박을 주재료로 요리한 음식을 말합니다.

음주 문화

과거 한국 사회에서는 '향음주례'라고 하여 술을 마실 때에도 예의를 중시하였습니다. 현대에는 과거의 엄격한 음주 예절을 요구하지는 않지만 술에 취하지 않고 즐기고 예의를 지키는 것을 중시합니다. 술은

본인이 따르지 않고 서로 따라 줍니다. 따라서 상대방의 술잔이 비었는지 잘 살펴서 술을 따라 주는 것이 좋습니다. 그리고 이때 첨잔하지 않습니다. 특히 어른 앞에서는 술을 마실 때 주의가 필요합니다. 가능하면 고개를 살짝 돌린 후 술잔을 비우는 것이 예의이고 술잔을 받을 때나 따를 때 두 손으로 받거나 따릅니다.

배달 문화

한국에서는 거의 모든 음식을 배달시켜 먹을 수 있습니다. 과거에는 주로 짜장면과 같은 중국 음식을 배달시켜 먹었고 요즘에도 이삿날 짜장면을 먹곤 합니다. 짜장면은 음식을 차리기 번거로운 이삿날 간단하고 배부르게 먹을 수 있기 때문입니다. 현재는 배달앱의 등장이나 1인 가구 증가 등으로 배달 횟수도 늘고 음식도 다양해져서 치킨, 피자, 족발과 보쌈은 물론이고 초밥, 회, 국밥이나 빵과 커피 등 디저트까지 시켜 먹을 수 있게 되었습니다.

한국인은 이미 조선시대에도 효종갱이라고 하여 남한산성에서 한양까지 해장국을 배달시켜 먹은 유난한 민족입니다.[12] 백 년 전 한국에서 가장 인기 있는 배달 음식은 냉면이었습니다. 이 시절 배달부들은 자전거로 음식을 날랐는데 특히 냉면 배달부들은 목판 위에 냉면 그릇을 올리고 육수는 주전자에 따로 담아 한 손으로 목판을 받쳐 들고 다른 손으로 곡예 운전을 하며 냉면을 배달했다고 합니다. 기록에 따르면 1931년 여름, 종로 관훈동 양복점 주인과 친구가 냉면 배달부 한 사람이 냉면 80그릇을 배달할 수 있느냐를 가지고 내기를 했는데

12 최영년, 『해동죽지』, 1925

실제 냉면 배달부가 81그릇을 배달했다는 일화도 전해지니 놀라울 따름입니다.

짜장면

치맥

치맥 문화

치맥은 '치킨'과 '맥주'의 합성어입니다. 한국 사람들이 기름에 튀긴 치킨을 시원한 맥주와 함께 마시는 데서 비롯되었습니다.

치맥은 2014년 드라마 〈별에서 온 그대〉 이후부터 좀 더 유명해졌습니다. 이 드라마를 계기로 치맥이 우리나라를 넘어 해외로 알려졌기 때문입니다. 주인공인 천송이가 가장 좋아하는 음식이 치맥이었고, 이 드라마의 폭발적인 인기에 힘입어 중국 등에서 큰 인기를 끌게 되었습니다. 심지어는 중국인들이 한강에서 대규모 치맥 파티를 벌이기까지 했습니다.

소맥 문화

한국에는 '소맥'이라는 독특한 술이 있습니다. 이는 한국 사람들이 가장 많이 마시는 술인 희석식 소주에다 서양 술인 맥주를 타서 마시는 술입니다. 외국에 있는 칵테일과도 비슷하지만 칵테일은 술에다 다양한 재료를 섞어 마시나, 소맥은 한국 술인 소주와 서양 술인 맥주를 섞는다는 점에서 독특합니다. 소주는 알코올 도수가 높은데 저도주인 맥주를 섞어 빨리 마실 수 있기도 합니다.

김치 문화

한국에서는 식당이나 가정에서 식사를 할 때 차리는 반찬 중에 김치가 빠지지 않습니다. 김치는 신맛이 침 분비를 활성화하고 유산균이 소화를 돕기 때문에 탄수화물 위주의 식사에 잘 어울립니다. 또 짜고 매운 자극적인 맛과 감칠맛 덕에 밥을 좀 더 맛있게 먹을 수 있게 합니다. 하지만 한국인들이 사시사철 배추김치만 먹는 것은 아닙니다.

한국 전통 김치는 200여 종이 넘고 최근에는 서양 채소를 이용한 양배추김치, 토마토김치 등도 개발되고 있습니다. 전통적으로 봄이나 여름에는 배추김치, 열무김치, 오이김치 등을 담가 먹고 가을이나 겨울에는 무김치나 배추김치를 담가 먹습니다.

수저 문화

한국인은 숟가락과 젓가락을 함께 사용하는데 이를 수저라고 합니다. 숟가락은 밥과 국을 먹기 위해서 사용하고 젓가락은 반찬을 효율적으로 집기 위해서 사용합니다. 특히 젓가락은 예민한 손동작을 요구하므로 뇌 발달에도 도움이 됩니다. 그러나 한 손에 숟가락과 젓가락을 동시에 쥐고 사용하는 것은 잘못된 습관입니다. 본래는 같이 들고 쓰지 않습니다. 숟가락과 젓가락은 저마다 용도가 있기 때문에 그에 맞춰 사용하고, 그렇지 않을 때는 내려놓아야 합니다.

한국 음식명 이해하기

한국 음식명은 보통 '주재료+조리법'으로 구성된 단어입니다. 예를 들어 미역국이라고 하면 주재료인 미역으로 끓인 국을 말하고, 갈비구이라고 하면 갈비를 불에 구운 음식을 말합니다. 한식 요리법으로는 찜, 조림, 국, 찌개, 탕, 전, 구이, 적 등이 있는데 찜은 증기로 찌거나 국물이 자작하도록 삶은 음식을 말합니다. 조림은 국물이 거의 없게 바짝 끓여 만드는 음식입니다. 국은 재료에 물을 많이 붓고 끓인 음식입니다. 찌개는 국보다 국물은 적고 건더기가 많은 음식으로 스튜에 가깝고, 탕은 국이나 찌개와 비슷한 것으로 찌개보다 국물이 많고 국보다 건더기가 많은 음식입니다.

한식 용어

『한식메뉴 외국어표기 길라잡이 700』에서 발췌

한정식 Hanjeongsik (Korean Table d'hote)

한국의 전통 반상차림을 서양의 정찬처럼 순서대로 격식을 갖춰 차려 내는 현대적인 상차림이다. 전통적인 한식 식단을 바탕으로 전식, 곡물 위주의 주식과 다양한 부식 및 후식으로 구성되어 있다.

밥 Bap (Cooked Grains)

쌀, 보리, 콩 등의 곡물을 씻어 솥에 안친 뒤 물을 부어 낟알이 풀어지지 않고 물기가 잦아들게 끓여 익힌 음식이다.

[김밥(Gimbap), 김치볶음밥(*Kimchibokkeumbap*, Kimchi Fried Rice), 누룽지(*Nurungji*, Scorched Rice), 돌솥비빔밥(*Dolsotbibimbap*, Hot Stone Pot Bibimbap), 비빔밥(Bibimbap), 순대국밥(*Sundaegukbap*, Blood Sausage and Rice Soup), 쌈밥(*Ssambap*, Leaf Wraps and Rice), 잡곡밥(*Japgokbap*, Steamed Multigrain Rice), 콩나물밥(*Kongnamulbap*, Bean Sprout Rice)]

죽 Juk(Porridge)

밥을 지을 때보다 물을 다섯 배 가량 더 많이 붓고 무르게 끓여 낸 주식으로, 병후 회복식이나 전식으로 즐겨 먹는다.

[녹두죽(*Nokdujuk*, Mung Bean Porridge), 소고기버섯죽(*Sogogibeoseotjuk*, Beef and Mushroom Porridge), 잣죽(*Jatjuk*, Pine Nut Porridge), 전복죽(*Jeonbokjuk*, Abalone Rice Porridge), 팥죽(*Patjuk*, Red Bean Porridge), 호박죽(*Hobakjuk*, Pumpkin Porridge)]

면 Myeon(Noodles)

밀가루나 메밀가루 등을 반죽해 썰어 삶아서 국물에 말거나 양념장에 비벼먹는 음식이다.

[막국수(*Makguksu*, Buckwheat Noodles), 물냉면(*Mulnaengmyeon*, Cold Buckwheat Noodles), 비빔국수(*Bibimguksu*, Spicy Noodles), 비빔냉면(*Bibimnaengmyeon*, Spicy Buckwheat Noodles), 잔치국수(*Janchiguksu*, Banquet Noodles), 칼국수(*Kalguksu*, Noodle Soup), 콩국수(*Kongguksu*, Noodles in Cold Soybean Soup)]

국·탕 Guk and Tang(Soup)

고기, 생선, 채소 등의 재료에 물을 많이 붓고 간을 맞추어 끓인 음식으로 국물과 건더기를 함께 먹는다.

[갈비탕(*Galbitang*, Short Rib Soup), 곰탕(*Gomtang*, Beef Bone Soup), 된장국(*Doenjangguk*, Soybean Paste Soup), 떡국(*Tteokguk*, Sliced Rice Cake Soup), 만둣국(*Mandutguk*, Dumpling Soup), 미역국(*Miyeokguk*, Seaweed Soup), 삼계탕(*Samgyetang*, Ginseng Chicken Soup), 설렁탕(*Seolleongtang*, Ox Bone Soup), 육개장(*Yukgaejang*, Spicy Beef Soup), 해물탕(*Haemultang*, Spicy Seafood Stew)]

찌개 Jjiggae(Stews)

국이나 탕보다 국물을 적게 잡고 고기, 생선, 조개, 채소 등을 넉넉히 넣어 끓인 음식이다.

[김치찌개(*Kimchijjigae*, Kimchi Stew), 된장찌개(*Doenjangjjigae*, Soybean Paste Stew), 부대찌개(*Budaejjigae*, Sausage Stew), 순두부찌개(*Sundubujjigae*, Soft Bean Curd Stew)]

전골 Jeongol(Hot Pots)

고기나 채소, 해물 등을 냄비나 전골틀에 담고 육수를 부어 상에서 끓여 가며 먹는 음식이다.

[곱창전골(*Gopchangjeongol*, Beef Tripe Hot Pot), 국수전골(*Guksujeongol*, Noodle Hot Pot), 김치전골(*Kimchijeongol*, Kimchi Hot Pot), 두부전골(*Dubujeongol*, Tofu Hot Pot), 만두전골(*Mandujeongol*, Dumpling Hot Pot), 버섯전골(*Beoseotjeongol*, Mushroom Hot Pot), 불낙전골(*Bullakjeongol*, Bulgogi and Octopus Hot Pot), 소고기전골(*Sogogijeongol*, Beef Hot Pot), 신선로(*Sinseollo*, Royal Hot Pot)]

찜 Jjim(Braised Dishes)

육류, 해물, 채소 등을 양념해 약간의 물과 함께 오래 끓이거나 수증기로 쪄서 만든 음식이다.

[갈비찜(*Galbijjim*, Braised Short Ribs), 계란찜(*Gyeranjjim*, Steamed Eggs), 닭볶음탕(*Dakbokkeumtang*, Braised Spicy Chicken), 수육(*Suyuk*, Boiled Beef or Pork Slices), 순대(*Sundae*, Korean Sausage), 족발(*Jokbal*, Pigs' Feet), 해물찜(*Haemuljjim*, Braised Spicy Seafood)]

조림 Jorim(Glazed Dishes)

고기나 생선, 채소 등을 양념해 약한 불에 물이 거의 없게 바짝 끓여 만든 음식이다.

[갈치조림(*Galchijorim*, Braised Cutlassfish), 감자조림(*Gamjajorim*, Soy Sauce Braised Potatoes), 고등어조림(*Godeungeojorim*, Braised Mackerel), 두부조림(*Dubujorim*, Braised Tofu), 장조림(*Jangjorim*, Soy Sauce Braised Beef)]

볶음 Bokkeum(Stir-fried Dishes)

고기, 해물, 채소 등의 식재료를 양념해 센 불에서 단시간에 볶아 낸 음식이다.

[궁중떡볶이(*Gungjungtteokbokki*, Royal Stir-fried Rice Cake), 낙지볶음(*Nakjibokkeum*, Stir-fried Octopus), 떡볶이(*Tteokbokki*, Stir-fried Rice Cake), 오징어볶음(*Ojingeobokkeum*, Stir-fried Squid), 제육볶음(*Jeyukbokkeum*, Stir-fried Pork)]

구이 Gui(Grilled Dishes)

고기나 생선, 채소 등을 구워 만든 음식이다. 굽는 방법에 따라 직화구이, 간접구이로 나뉘며, 양념에 따라 소금구이, 고추장구이, 간장구이 등이 있다.

[고등어구이(*Godeungeogui*, Grilled Mackerel), 곱창구이(*Gopchanggui*, Grilled Beef or Pork Tripe), 너비아니(*Neobiani*, Marinated Grilled Beef Slices), 닭갈비(*Dakgalbi*, Spicy Sti-fried Chicken), 돼지갈비구이(*Dwaejigalbigui*, Grilled Spareribs), 떡갈비(*Tteokgalbi*, Grilled Short Rib Patties), 불고기(Bulgogi), 삼겹살(*Samgyeopsal*, Grilled Pork Belly), 생선구이(*Saengseongui*, Grilled Fish), 소갈비구이(*Sogalbigui*, Grilled Beef Ribs), 장어구이(*Jangeogui*, Grilled Eel)]

전 Jeon(Pan-fried Delicacies)

해물이나 고기, 채소 등을 얇게 썰거나 다져 양념한 뒤 밀가루를 묻혀 기름에 지진 음식이다.

[감자전(*Gamjajeon*, Potato Pancakes), 계란말이(*Gyeranmari*, Rolled Omelette), 김치전(*Kimchijeon*, Kimchi Pancake), 녹두전(*Nokdujeon*, Mung Bean Pancake), 부각(*Bugak*, Vegetable and Seaweed Chips), 빈대떡(*Bindaetteok*, Mung Bean Pancake), 생선전(*Saengseonjeon*, Panfried Fish Fillet), 해물파전(*Haemulpajeon*, Seafood and Green Onion Pancake)]

회 Hoe(Raw Dishes)

고기나 생선 등을 날로 썰어 먹거나 살짝 익혀 먹는 음식이다. 날로 먹는 회에는 생선회, 육회 등이 있으며, 익혀 먹는 숙회에는 어채 등이 있다.

[광어회(*Gwangeohoe*, Sliced Raw Flatfish), 모둠회(*Modumhoe*, Assorted Sliced Raw Fish), 생선회(*Saengseonhoe*, Sliced Raw Fish), 육회(*Yukhoe*, Beef Tartare), 홍어회무침(*Hongeohoemuchim*, Sliced Raw Skate Salad), 회무침(*Hoemuchim*, Spicy Raw Fish Salad)]

김치 Kimchi(Fermented Vegetables)

채소를 소금에 절여 수분을 뺀 뒤 다양한 양념을 넣고 숙성시킨 한국 고유의 발효 식품이다.

[겉절이(*Geotjeori*, Fresh Kimchi), 깍두기(*Kkakdugi*, Diced Radish Kimchi), 나박김치(*Nabakkimchi*, Water Kimchi), 동치미(*Dongchimi*, Radish Water Kimchi), 배추김치(*Baechukimchi*, Kimchi), 백김치(*Baekkimchi*, White Kimchi), 보쌈김치(*Bossamkimchi*, Wrapped Kimchi), 열무김치(*Yeolmukimchi*, Young Summer Radish Kimchi), 오이소박이(*Oisobagi*, Cucumber Kimchi), 총각김치(*Chonggakkimchi*, Whole Radish Kimchi)]

장·장아찌 Jang and Jangajji(Sauces and Pickles)

장은 한국 전통 발효 식품이다. 콩을 발효시켜 만든 된장, 간장, 고추장을 통틀어 이르는 말이며, 장아찌는 채소류를 장에 넣어 삭힌 저장 음식이다.

[간장(*Ganjang*, Soy Sauce), 고추장(*Gochujang*, Red Chili Paste), 된장(*Doenjang*, Soybean Paste), 양념게장(*Yangnyeomgejang*, Spicy Marinated Crab), 장아찌(*Jangajji*, Pickled Vegetables)]

적·산적 Jeok and Sanjeok(Skewers and Grilled Skewers)

고기, 채소, 생선 등의 재료를 양념해 익힌 다음 색을 맞춰 꼬치에 꿴 음식이 적이다. 또한 산적은 재료를 꼬치에 꿰어 불에 직접 굽는 것으로 소고기산적, 파산적, 떡산적 등이 있다.

[송이산적(*Songisanjeok*, Pine Mushroom Skewers), 화양적(*Hwayangjeok*, Beef and Vegetable Skewers)]

젓갈 Jeotgal(Salted Seafood)

각종 어패류의 살이나 알, 내장을 소금에 절여 숙성시킨 발효 식품이다.

[갈치젓(*Galchijeot*, Salted Cutlassfish), 꼴뚜기젓(*Kkolttugijeot*, Salted Beka Squid), 낙지젓(*Nakjijeot*, Salted Octopus), 멸치젓(*Myeolchijeot*, Salted Anchovies), 명란젓(*Myeongnanjeot*, Salted Pollack Roe), 명태식해(*Myeongtaesikhae*, Salted and Fermented Pollack), 새우젓(*Saeujeot*, Salted Shrimp), 어리굴젓(*Eoriguljeot*, Spicy Salted Oysters), 오징어젓(*Ojingeojeot*, Salted Squid), 조개젓(*Jogaejeot*, Salted Clam Meat), 황석어젓(*Hwangseogeojeot*, Salted Small Yellow Croaker)]

반찬 Banchan(Side Dish)

김, 나물, 무침 등 밥에 곁들여 먹는 음식을 통틀어 이르는 말이다.

[구절판(*Gujeolpan*, Platter of Nine Delicacies), 김(*Gim*, Laver), 나물(*Namul*, Seasoned Vegetables), 잡채(*Japchae*, Stirfried Glass Noodles and Vegetables)]

떡 Tteok(Rice Cake)

한국 전통 곡물 요리의 하나다. 곡식 가루를 찌거나 삶아 익히며 찌는 떡, 지지는 떡, 삶는 떡, 친 떡이 있으며 찹쌀이나 멥쌀을 사용한다.

[가래떡(*Garaetteok*, Rice Cake Stick), 감자떡(*Gamjatteok*, Potato Cake), 경단(*Gyeongdan*, Sweet Rice Balls), 백설기(*Baekseolgi*, Snow White Rice Cake), 송편(*Songpyeon*, Half-moon Rice Cake), 시루떡(*Sirutteok*, Steamed Rice Cake), 약식(*Yaksik*, Sweet Rice with Nuts and Jujube), 인절미(*Injeolmi*, Bean-powder-coated Rice Cake), 찹쌀떡(*Chapssaltteok*, Sweet Rice Cake with Red Bean Filling)]

한과 Hangwa(Korean Sweets)

우리 고유의 과자류 총칭이다. 곡물 가루나 과일 등에 꿀, 엿, 설탕을 넣어 달콤하게 만들어 먹는다. 재료와 만드는 법에 따라 유과, 유밀과, 강정, 다식, 전과 등으로 나눈다.

[감말랭이(*Gammallaengi*, Dried Persimmon), 강정(*Gangjeong*, Sweet Rice Puffs), 다식(*Dasik*, Tea Confectionery), 도라지정과(*Dorajijeonggwa*, Briased Bellflower Root in Sweet Sauce), 매작과(*Maejakgwa*, Fried Twist), 산자(*Sanja*, Fried Rice Squares), 약과(*Yakgwa*, Honey Cookie)]

음청류 Eumcheongryu(Non-alcoholic Beverages)

음청류는 술 이외의 기호음료의 총칭이다. 한국 고유의 차와 음료는 재료가 가진 특성을 그대로 살려 맛도 좋고 몸에도 이로운 것이 특징이다.

[구기자차(*Gugijacha*, Wolfberry Tea), 녹차(*Nokcha*, Green Tea), 매실차(*Maesilcha*, Green Plum Tea), 미숫가루(*Misutgaru*, Roasted Grain Powder), 수정과(*Sujeonggwa*, Cinnamon Punch), 식혜(*Sikhye*, Sweet Rice Punch), 쌍화차(*Ssanghwacha*, Medicinal Herb Tea), 오미자화채(*Omijahwachae*, Omija Punch), 유자차(*Yujacha*, Citrus Tea), 인삼차(*Insamcha*, Ginseng Tea)]

『한식메뉴 외국어표기 길라잡이 700』

참고 문헌

『다시 쓰는 주방문』, 박록담, 코리아쇼케이스, 2005

『대장금의 궁중상차림』, 한식재단, 2015

『명가명주』, 박록담, 도서출판 효일, 1999

『맛있는 한식 이야기, 김치』, 외교부 문화외교국 문화예술협력과, 2013

『맛있고 재미있는 한식 이야기』, 한식재단, 2013

『맛있는 한국여행 - 관광통역안내사를 위한 한식 해설서』, 한식재단, 2014

『맛있는 한식여행 - 다섯 가지 도시 다섯 개의 맛』, 한식재단, 2016

『세계인을 위한 건강하고 맛있는 75선』, 한식재단, 2014

「이슬람경제현황보고서」, 톰슨로이터, 2017

『우리는 왜 비벼먹고 쌈 싸먹고 말아먹는가』, 동아일보사 한식문화연구팀 , 동아일보사, 2012

『우관스님의 손맛 깃든 사찰 음식』, 우관, 스타일북스, 2013

『조선 왕실의 식탁』, 한식재단, 2014

『천년한식견문록』, 정혜경, 생각의 나무, 2009

『푸드큐레이터, 음식관광 기획부터 해설까지』, 한국컬리너리투어리즘협회, 2014

『한국식생활사』, 강인희, 삼영사, 1991

『한국고식문헌집성』, 이성우, 수학사, 1992

『한식메뉴 외국어 길라잡이』, 한식재단, 2014

『한국, 맛을 찾아 떠나는 여행』, 한식재단, 2015

『한국의 전통주 주방문』 총 5권, 박록담, 도서출판 바룸, 2015

『한식메뉴 외국어표기 길라잡이 700』, 한식진흥원, 2017

『할랄 레스토랑 인증 가이드북』, 한식재단, 2016

「할랄푸드 깐깐한 인증 넘고 넘어…무슬림 밥상 한식 바람 분다」, 최민영, 경향신문, 2018

『해동죽지』, 최영년, 1925

「2019 해외한식소비자조사」, 농림축산식품부, 한식진흥원, 2019

「2020 해외한류실태조사」, 한국국제문화교류진흥원, 2020

『SUL』, 박록담, 이근욱, 문화재청, 2013

웹사이트

두산백과(http://www.doopedia.co.kr/)

한국민족문화대백과(http://encykorea.aks.ac.kr/)

한국학중앙연구원(https://www.aks.ac.kr/index.do)

* 박스 속 음식 이야기는 한식진흥원의 『맛있고 재미있는 한식 이야기』에서 발췌

이미지 출처

한식진흥원

배추김치, 동치미, 깍두기, 수라상, 궁중 연회 고배 음식, 해주교반, 김치밥, 어복쟁반, 노티, 멱적, 진달래화전, 이화주, 김치류, 신선로

한국전통주연구소

죽, 범벅, 고두밥, 누룩, 가양주 주원료, 술 빚는 모습,
제주 오메기맑은술, 풍정사계 하, 해남 진양주, 순창 지란지교, 해남 해창, 이강주,
당진 면천 두견주, 중원당 청명주, 평택 천비향, 가평 청진주

한국전통음식연구소

돌상, 제사상, 고배상

국립중앙박물관

성협 〈야연〉, 신윤복 〈주사거배〉, 김홍도 〈주막〉

JTBC

〈냉장고를 부탁해〉

SBS

〈별에서 온 그대〉, 치맥 장면

픽사베이

무쇠솥, 중국 상차림

한식 아는 즐거움

한식과 한국 술 이야기

2020년 10월 초판 1쇄 발행
2021년 1월 초판 2쇄 발행

기획 KFPI 한식진흥원 KOREAN FOOD PROMOTION INSTITUTE
펴낸이 임상백
글쓴이 정혜경(호서대학교 교수), 박록담(한국전통주연구소 소장)
음식 및 스타일링 김지영(규반 오너 셰프)
사진 이과용, 이현실(15 studio)
편집 함민지
디자인 김지은
표지디자인 유예지
제작 이호철
독자감동 이명천 장재혁 김태운
경영지원 남재연

펴낸곳 Hollym

주소 서울 종로구 종로12길 15
등록 1963년 1월 18일 제 300-1963-1호
전화 02-735-7551~4 전송 02-730-5149
전자우편 hollym@hollym.co.kr 홈페이지 www.hollym.co.kr

ISBN 978-89-7094-787-7 (03590)

* 값은 뒤표지에 있습니다.
* 잘못 만든 책은 구입하신 곳에서 바꾸어 드립니다.